大展好書 好書大展

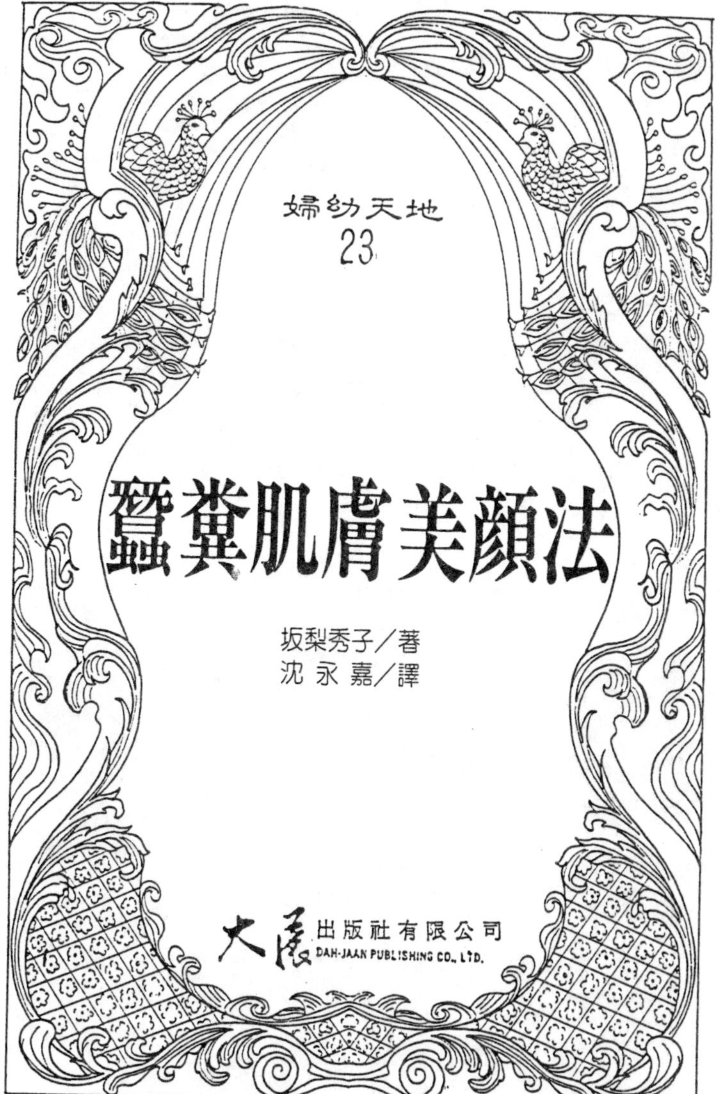

婦幼天地
23

# 蠶糞肌膚美顏法

坂梨秀子／著
沈永嘉／譯

大展出版社有限公司
DAH-JAAN PUBLISHING CO., LTD.

# 序　為什麼現在需要鼇的糞呢?!

現要變得美麗!只要是女性，誰都有著對美不倦的執著及期望。企盼更美麗的心情，遠超過各位男性的想像。

單以美容的方法來說，就不曉得有多少種類，令人眼花撩亂。因為時代背景的不同，女性追求美的同時，對種種的美容材料也一一的挑戰，有泥、金箔、海草、藥草等，古時候更曾使用黃鶯的糞。當然，化妝品和化妝方法也日新月異，持續進行著研究開發。

以平常隨處可見的女性雜誌來說，刊載的內容與廣告，有一半以上和美容有關。

我身為美容師，也參與了許多美容法。但似乎欠缺一些什麼，沒有完全合我接受的東西。

當我開始從事美容工作時，各地所做的美容程序都相同。僅是利用市面上販售的乳液以及粉撲，依照手冊進行而已，並沒有獨特的美容法。雖也有人花了好幾十萬日幣做全身美容，但我一直認為，美容若要長久持續，且對身體無害，應以天然材料作為美容原料。

從此以後，我由嘗試錯誤中學習。不只是植物性素材，連動物性、礦物性等都予以嘗試。但都沒有能讓我接受的東西。

不知什麼時候開始，我的腦海中浮現——

「像絲綢般艶麗，充滿透明感，並且極為柔軟。」

若要以一句話形容日本古代的美人，『絲綢之肌』正可形容，這正是我追求的。我也以此確立身為美容師的使命。

我的尋訪美容素材之旅，也就由『絲綢之肌』這句話開始了。首先從紡織的蠶開始著手研究。我想探查絹絲所具有的漂白作用，於是在一九八七年拜訪了養蠶農家。

養蠶農家對我的問題都非常和藹的回答。當我結束訪問後與他們閒聊時，聽到養蠶者在收拾蠶糞後，手會滑滑的，我實際檢視老婆婆的手，發現她的手好像每天撲過粉一般的光滑。

「就是這個。」

這就是我要找的東西。自然界所隱藏美的禮物就是「蠶糞」，這時我確實的感覺到。

感到接近夢寐以求之素材的我，接著拜訪了京都綾部市的京都府蠶業中心。在這裡，蠶養育到三齡（蠶五日為一齡）時，裝箱二萬隻作為種蠶分配到農家，同時也進行蠶的研究，這是衆所周知的。

當我突然提議「想把蠶糞作為化妝品」時，中心的負責人露出困惑的眼光。過去曾經以蠶繭做化妝品，或者以幼蟲製作肥皂，但利用蠶糞則是前所未聞的。

當然我也拜訪了各地農家。在一九七一年時，養蠶農家超過三十七萬戶，到了一九九二年底，減少至四萬四千戶，而我所拜訪的地區，現今只有四十戶從事於取繭的工作。

當我目睹桑業的栽培，到糞處理的實際過程之後，才感覺到養蠶農家的減少也是不得已的，因為工作太辛苦了。當我第一次看到蠶時，它們吃桑葉的聲音，好像雨點打在鐵皮屋頂一般，至今仍無法忘懷。而對蠶生命力的旺盛，也令我有新鮮的感動，宛如昨日一般。

接著我將農家拿給我的糞，帶到了靜岡的食品研究所，委託他們分析（結果請參照本文）。

我終於發現了夢寐以求的美容素材。以蠶糞作原料，將其粉末化後變成了抹茶色，看起來非常漂亮，令我很吃驚。而其香味也如乾草一般，不會令人有格格不入的感覺。因蠶糞屬於強鹼，為了配合皮膚的PH值，所以將其改良成弱酸性。終於，我開始實踐『蠶美容（Slik esthetic）』的新美容。

但願本書能使更多的女性得到「絲綢之肌」。

蠶美容（Slik esthetic）本部

坂梨秀子美容研究所所長

坂梨秀子

# 目錄

# 第二章 這就是蠶糞美容的一切

## 第四章　蠶糞所創出絲綢般的肌膚

## 第五章

## 蠶美容和芳香療法

# 第一章

# 絲路所孕育之奇蹟般的美膚效果

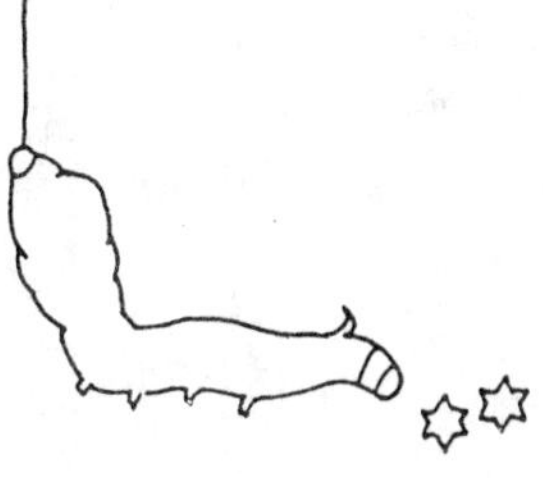

# 比金字塔更古老的人類寶物『蠶』

只要是女性，不管是誰，都對美容有興趣，對於美的執著是非常強烈的。但是，美容法正日新月異的演進，對於骨有機質、糖醛酸、胎盤等，究竟哪一個好，女性反而懵懵懂懂。在這種情形下，我所注目的就是自然產生的最佳美容素材——蠶，並且是蠶所排泄的糞。

本章稱爲「蠶糞美容法」，各位可能很難接受。所以，在介紹美容法之前，擬先略述蠶，以及蠶所吃的桑葉，使各位對吐出美麗細絲的蠶，它所排泄的糞，能有一番新的體認。

首先，各位對蠶有什麼樣的觀感呢？

「這種像怪物莫斯拉般的蟲，眞討厭。」或者是「在繭裡面乾癟癟，像蠶豆般的蟲」等，一聽到蠶，立刻就露出厭惡表情的人，應該爲數不少吧。

然而，無論古今中外，「蠶」可說是「益蟲」「藥用昆蟲」界中，爲人類帶來最多利益

的昆蟲。

近來引起熱門話題的絲路，名符其實是一條絲綢之路。如蛾之幼蟲般的蠶寶寶，吐出了一條條的絲，終於強而有力的將東方和西方連結起來。

跟絲路有很深淵源的日本，在很早以前就經由中國或朝鮮半島傳來養蠶技術。平安中期出版的『延喜式』等書籍，在介紹各地特產時，就有關於絲綢的記載。由此可見，日本自古以來便是世界數一數二的養蠶國家。

把眼光轉移到近代。從建國、明治維新以後，日本國力日益強盛，而絹絲的輸出正擔任重要的角色。當時國家提昌富國強兵政策，在高層的命令之下，全國的養蠶農家都奉爲「蠶老爺」般，非常愼重的飼育。然而，因蠶寶寶的食慾旺盛，農戶祇得日以繼夜地辛勤工作。

知名電影『野麥嶺』，就是以此時爲時代背景，描繪爲國家犧牲的少女，相當震撼人心。

以此觀之，位於遠東的島國日本，其經濟基礎，可說是蠶絲所創造出來的。

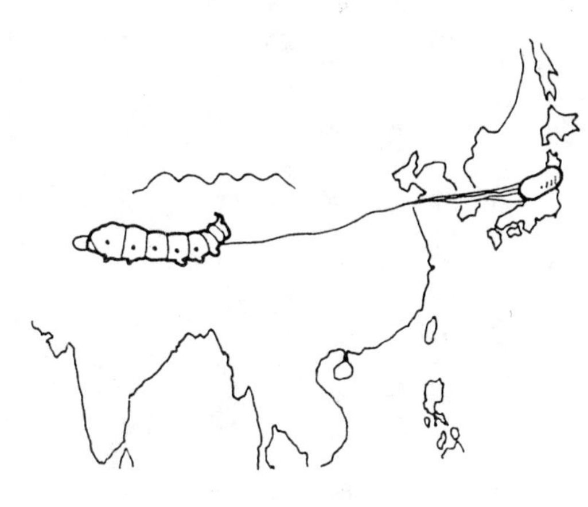

## 蠶並不是住在山野的昆蟲

蠶紡出來一條神秘的絲。

絹絲對世界以及日本歷史的影響，各位應該耳熟能詳。

在這裡，我們進一步探討關於蠶的生態。「咦！什麼蠶的生態。」你緊縐眉頭是正常的反應，我也不是要講授生物課，只是閒聊而已。

蠶的祖先被認爲是野生於日本、中國、東南亞等地，一種叫做『野蠶』的蛾。雖然說是祖先，但野生的『野蠶』和蠶，性質上有種種的不同。不論是抓住東西的力量，或是走路能力、對桑葉的嗅覺，蛻變成蛾之後的飛行能力，雄性聞出雌性的能力等方面，野生的野蠶都比蠶更強。

譬如蠶將卵產在樹上，當幼蟲孵出時，無法在桑樹上爬來爬去，所以無法充分的吃桑葉成長。

如果蛻變爲蛾，但雌雄分隔兩地的話，就無法進行交配，更不可能留下子孫。但若因爲蠶的幼蟲不活潑，就以爲其生命力脆弱，這也是錯誤的。

不管肚子多麼的餓，牠都不會到處爬來爬去，更不會逃走。只要給牠足夠的桑葉，牠就食慾旺盛不斷的吃，可以長得很建壯。當然，牠不會咬人、不會刺人，更不會傳染疾病給人類。換句話說，蠶已經無法離開人類，無法在自然界中獨立生存，是已經習慣人類飼養的昆蟲。在不勝枚舉的大自然生物中，習慣和人類生活，無法回到大自然的生物，除了蠶之外，大概絕無僅有。

從這點來看，蠶在太古時代是野生於自然，經過長時間有計劃的飼養以及改良，才變如此，不禁得對古人的偉業深深佩服。

## 為什麼紫式部不會因皮膚病而煩惱

仔細想一想，在日本的歷史人物當中，很少聽到有人因皮膚病而煩惱。『絲綢的魅力』這本書中，記載著日本人和皮膚病的關係。全身都著絲綢衣裳的古代宮庭中人，如—聖德太子、在原的業平、紫式部、小野小町等這些文化人們，據說都有健康的肌膚。

相反地，西方歷史中的名人，因皮膚病而煩惱的事例不勝枚舉，如拿破崙皇帝，他晚年染上了痲煩的疥癬，胖嘟嘟的肚子時時騷癢著，據說被他第二任年輕王妃所討厭。

歐洲的風土較日本乾燥許多，本來應該不容易染上皮膚病。但爲什麼高溫潮溼的日本宮庭中人不會染上疥癬?這個問題關鍵就是絲綢，因爲他們穿著絲綢織成的衣物。

拿破崙喜歡穿襖熱的軍服，又加上長久不洗澡的不良衛生習慣，因而使疥癬寄生。

「哈!原來如此，日本人喜歡泡在浴缸，因而預防了皮膚病。」如果這樣想的話，請你

稍微等一下。平安時期的日本女性貴族，穿著十二層衣服，和一般民衆相比之下，並不是很喜歡洗澡。當時流行的是蒸氣浴，長長的頭髮，一個月洗一次就不錯了。在『源氏物語』中，並沒有關於洗澡的記載。

對於「末摘花」紅而醜的鼻子非常仔細描寫的紫式部，並沒有提到皮膚病。的確，這並不值得一提，但或許也是皮膚病患者稀少的緣故吧。

古代平安時代的宮庭中人，因爲絲綢使他們形態優雅襯托出他們的美貌，因而對絲綢情有獨鍾。但從生理學上看，其偷偷擔任醫藥的角色，大概是誰都沒有察覺過的。

如今，中國以及日本的養蠶研究所，正式提出這件事，讓現代人重新認識絲綢所具的不可思議效用。

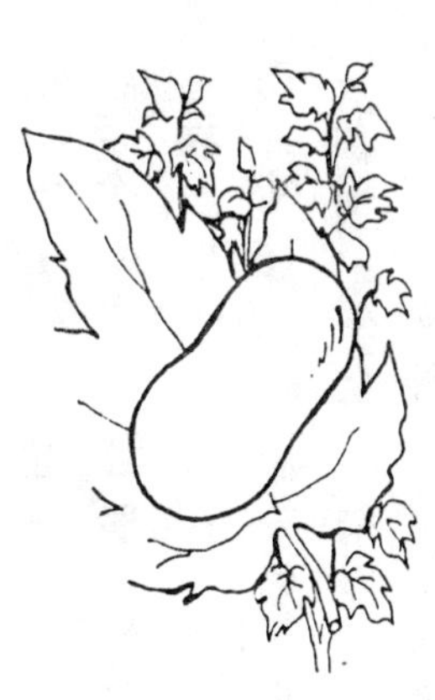

## 絲綢和珍珠是雙胞胎姐妹

絲綢具有獨特的美麗光澤，它的光輝之美和海的女神珍珠並稱。那也難怪，因爲絲綢和珍珠同樣是由十八種氨基酸所形成的。

沒錯，珍珠和絲綢是雙胞胎姐妹。

自古以來，都是自然界美的傑作，其掌握人心的背後，有確實的證據存在。

但可悲的是，美麗的東西容易毀壞、容易受傷害，這是不容否定的事實。例如，珍珠怕酸，若將其浸在醋中就會溶解。埃及豔后克麗佩脫拉，曾有一則關於珍珠的美麗傳說。

有一次克麗佩脫拉設宴招待凱撒，凱撒在自己深愛的克麗佩脫拉面前，得意的敘述羅馬繁榮富裕的情形。克麗佩脫拉聽後，默默不語，沒有任何反論。但卻叫來侍者，端來一杯裝滿醋的金杯，將裝飾於雙耳，價值連城的巨型桃色珍珠耳環取下，丟入裝滿醋的金杯中，然後將其一飲而盡。

凱撒顯然被這個突如其來的行動所震懾，目瞪口呆的看著。

克麗佩脫拉對於自己愛用的奢侈品非常了解其弱點，爲了吸引當時權力極大的羅馬將軍凱撒，所以做了有效的表演。

克麗佩脫拉也有關於『夢幻絲綢』的傳說。對於用貝類分泌物所染的深紫色絲綢，她有特別的愛好。

這個貝紫色的絲綢，如果沒有舖設和它同等的黃金是買不到的。據說，克麗佩脫拉以自己的財富和權力，完全將它獨占。

爲了尋求能將絲綢染成紫色的特殊貝類，克麗佩脫拉輾轉來回於地中海的國家，因此，不久之後國家就滅亡了，而這些貝類也因而絕種。

她對美如此的執著，不由得令人背脊發涼。

這種深獲人心的夢幻絲綢，聽說最近重現江湖。神秘的紫色光澤，超越長達二千年的時光，再度震撼人心，可說是相當厲害的。

讓毒蛇咬自己的乳房，親自斷絕生命的克麗佩脫拉，當時裹住她豐滿肉體的，由內到外都是絲綢。

# 作為食物，蠶也是優等生

接著是作爲食物的蠶。很多人聽到這句話不禁皺眉，好像吃奇特的食物，但在中國及日本養蠶人家，這卻是極其流行的食物。

在中國山西省的某個古代遺跡中，挖出被切掉一端的蠶繭殼。這證明古代的中國人，不只是從蠶繭中取絲而已，更將裡面的蛹取出食用，或作爲藥用。以往在採擷生絲時，繭是最重要的，蛹反而顯得礙手礙腳。現在，只要用蒸氣就可以將蛹殺死，不必毀壞蠶繭。

在古代中國，不但由繭中取出絹絲，更作爲食物，而作爲藥用的蛹，也是倍受珍視的。朝鮮、中南半島各國也有吃蛹的習慣。在日本養蠶盛行的地方，更是一般家庭料理的素材。在魚貝類攝取困難的山間地區，更被視爲蛋白質的重要來源。

蛹含有豐富的蛋白質、脂肪以及維化命B2，非常的滋養。將其煎後加上鹽、砂糖、醬油調味，是相當美味的一道菜。在長野縣，蛹的佃煮（小魚乾）更被視爲正宗名產出售。

也可當作養雞、魚的飼料。在第二次世界大戰時，糧食取得困難，爲了增強兒童的體力，強制讓學生吃蛹的料理。像這樣的記錄也被留傳下來。

以戰時而言，各家庭的食用油配給很少，據說這些油是由蠶蛹中採集出來的。

更令人吃驚的，不僅是幼蟲和蛹，已變爲成蟲的蛾，只要拿翅膀，去除鱗粉，用火烤，是一道值得食用的美味。聽了實在令人驚訝。

如此說來，除了從蠶繭採集生絲，製成紡織

品之外，蛹也能作爲食物、飼料、肥料等用途。而今我們更想利用蠶糞作爲美容素材，蠶的用途實在非常大。

## 我們來探查蠶的民間療法

蠶除了食用之外，也被作為藥用，自古以來即頗受青睞。信州地區民衆認爲〇・一公升的蛹，加上一撮玉米毛，混合後以水煎煮，飲用，可以有效治療腎臟病。而多食用蛹的佃煮，對肋膜炎也有療效。

幼蟲的乾燥粉末、成蟲考黑後磨成的粉末，皆有助於傷口的止血或釘傷。被蛇咬到時，將活的成蟲壓扁，擦在傷口上，就有卓越的效果。諸如此類的傳言被傳誦著。

以我本身的經驗來說，曾發生一段小插曲，令我感覺蠶的藥效「果然有效」。

我小的時候很喜歡動物，飼養了狗、松鼠、兔子、鴨子、小鳥、蝙蝠（只飼養了短暫時間）、燕子、鴿子等各種動物。看到這裡，也許有人會認爲我是怪姑娘，飼養如此多樣的動物，其實我只是單純的喜歡飼養活的生物而已。

有一天，我和雙胞胎妹妹在神社中玩耍時，看到一隻眼球凹陷、眼瞼下垂的鴿子。

我立刻將牠帶回家，並且和已故的叔父磋商。叔父也非常喜歡動物，曾傳授我們姐妹種種的飼育法。叔父指示我們：「你去採集附在樹上的結草蟲，越多越好。」

我們為了醫好鴿子的眼睛，於是到神社，將樹上的結草蟲裝滿了盒子帶回家。

叔父取出結草蟲，從殼上用手壓扁，將流出來的汁用殼口的繭綿擦拭在鴿子的眼睛。然後，我和妹妹每天輪流做個工作。

大概過了二、三個月，鴿子的眼睛完全治癒，牠一開一合的眼睛，好像剛由夢中醒來，以「這是什麼地方？」般的表情看著我們姐妹。

後來，完全康復的鴿子若無其事的飛回牠的巢。我和妹妹兩人原以為鴿子會報恩，因此覺得非常失望。

現在想來，結草蟲的體液對受傷的地方具有療效，這也是我體驗到自然界恩惠的例子。

## 蠶會使胸部美麗

在中國的中藥裡，蠶和繭不斷的地被利用。而另一方面，也被廣泛的利用於美容方面。各位女性應該知道，要保持豐滿的胸部，女性荷爾蒙是不可或缺的。

由於壓力等因素造成荷爾蒙失調的話，據說會引起乳膜炎，對發育也有影響。

胸部是女性美的象徵，其對於感情的變動很敏感。除了壓迫感之外，穿著合成纖維製成的胸罩時，會引起乳房淤血，阻礙乳頭的皮膚呼吸，產生種種弊害。

但若穿著絲綢製成的胸罩來保護胸部，就不會因淤血而引起血液停滯或妨礙乳頭的呼吸。而絲綢柔嫩的觸感，可使心情愉悅，在感情控制方面，也有良好的影響。

「以絲綢溫柔的包著胸部，用蠶的藥效使胸部豐滿。」

如此看來，絲綢（蠶、繭）對於培育女性象徵的胸部，可說是非常重要的東西。

而蠶不僅對人類有益，對乳牛也有很好的影響，各位知道嗎？在乳牛的飼料中混合蠶糞，會使乳房變大，而牛乳也會很豐富。實在令人吃驚。

# 第一章　絲路所孕育之奇蹟般的美膚效果

## 啊！蠶糞是六角形的星形

我們仔細看蠶這個字，的確寫著「天蟲」（日文蠶字爲蚕，正如中國也說天蠶），和普通的菜蟲不同，令人有高貴優雅的感覺。

蛾的幼蟲又白又小，卻紡出一條神秘的絲，透過絲路，強而有力的連結東方和西方的文化。因此牠的高貴，可說是當然的。

蠶可說是神的禮物，爲了進一步的了解牠，我拜訪了京都工藝纖維大學纖維學系副教授，一田昌利先生，他是這方面的專家。以下是訪談內容。

**坂梨**　一田先生，這個大學的農場環境非常好，是很不錯的地方。桑田非常寬闊，在這個地方研究蠶，學習桑葉品種的學生，實在令人羨慕。

**一田**　據說坂梨女士經常被美女圍繞著，探討美容問題，實在令人羨慕（笑）。而想將蠶糞作爲美容材料，你的著眼點實在很好。

**坂梨**　是呀！自古黃鶯糞被當成美容材料珍視著，我認爲蠶糞也同樣值得研究開發作爲美容材料。因爲蠶只吃桑葉，牠排泄硬硬的糞，可說是葉綠素凝結成的。

**一田**　啊！你說那硬硬的糞，仔細觀察是呈六角形的。

**坂梨**　啊！真的，漂亮的六角形，像星星的形狀。這麼說來，蠶幼蟲的糞被稱爲『蠶沙』，好像是星之砂的形象（笑）。對了，可利用由蠶屁股排出一個個綠色星星般的形象作爲商品的形象。

**一田**　嗯！說的也是（笑）。現在問題是蠶糞已經收集很多了嗎？

**坂梨**　糞的收集主要是春天至秋天之間，選擇養蠶農家最忙的時候進行。

**一田**　哇！這是正確答案。尤其是春天的蠶特別值得推薦。春天的桑葉又多又嫩，蠶的幼蟲在成長中吃到這麼柔軟的葉子就能充分消化。

當桑葉在日光照射下逐漸轉爲濃綠時，蠶好像也配合葉子的成長，逐漸健壯起來。

**坂梨**　喔！這麼說來，像人類的嬰孩「從吃奶到斷奶時」一樣的條件，就是春天。

**一田**　你在收集何種狀態的糞呢？

**坂梨**　將糞鋪設在草蓆上，在陽光下曝曬數日，幾乎没有水分時再收集。但幾乎所有的養蠶農家都在糞上灑上石灰。以壓抑味道及發酵。這樣處理的東西不適合作爲化妝品，所以特別拜託他們只收集没有加上任何東西的糞。

**一田**　那糟糕了，這樣的話量也不多？

**坂梨**　但是我們能收集到很多。我要求每一農家收十公斤，但是往往收集得更多，並且有將近八十件，比我自己想像的更多。所以，我反而爲放置何處而感到困擾（笑）。有人看到我無計可施之際，建議我：「當作魚餌販賣如何？」

**一田**　啊！是的，蠶糞作爲魚餌非常好，會長得很大喔！

**坂梨**　那麼我立刻餵我家飼養的鰶魚吃蠶糞看看（笑）。但如果變成妖怪的鰶魚，還有一點可怕（笑）。

**一田**　雖然是蠶糞，然而糞有糞的好處，比大家想像的更具有利用價值。糞這個字的聯想，很多都想到肥料，但決不只如此，很多也都作爲家畜的飼料。說它是最近流行的生化激素（Biotechnology）也不爲過。

**坂梨**　以前當我拜訪養蠶農家時，曾看過有人將蠶糞混合在飼料，讓他所飼養的馬吃。

**一田**　成熟蠶最後所排的糞帶有紅色，和年輕的蠶糞相比，尿酸含量較多，並且含有多種色氨酸代謝生成物。

**坂梨**　好像稍微有點難懂。總而言之，蠶糞比繭或幼蟲更深奧。

**一田**　在『藥用昆蟲文化誌』的書中寫著，夏蠶、晚蠶稱爲原蠶沙或晚蠶沙，這些蠶所排出來的糞，在中國和日本，被當作重要的藥方。

這種糞約三毫米，呈青黑色的乾燥顆粒狀，用手很容易就可以磨碎，當磨碎之後，青臭味是它的特徵。

**坂梨**　那個味道正是天然葉綠素的芳香。

**一田**　根據文獻記載，腹部、腰、下半身寒冷、風溼痛、關節痛、神經痛，或婦女子宮出血、生理不順等，內服的話非常好。而結膜炎等發炎症狀，可以煎過後用來點眼睛。或者將蠶沙泡在酒中喝，女性的乳汁會增多。如果有痔瘡的人，以蠶沙和茶各半煎來喝，或作局部塗抹也很好。總之，其應用範圍相當廣。

**坂梨**　這樣看來，覺得對蠶糞已經越陷越深了（笑）。

**一田**　這是值得探討的東西。因爲它是和人類六千年歷史有著緊密關係的蟲，要以人生爲賭注來研究這個蟲，不然無法將如此深奥的蟲研究徹底。

**坂梨**　真的，說得一點也没錯。我聽過你的話之後，越來越喜歡蠶了。

**一田**　你這麼說，實在是我們作爲蠶研究者的福氣。今後，我們會作坂梨女士的蠶美容的堅強後盾，如果有任何疑問，我們隨時候教。

**坂梨**　謝謝你今天在白忙之中的指導，希望今後能不吝指導。

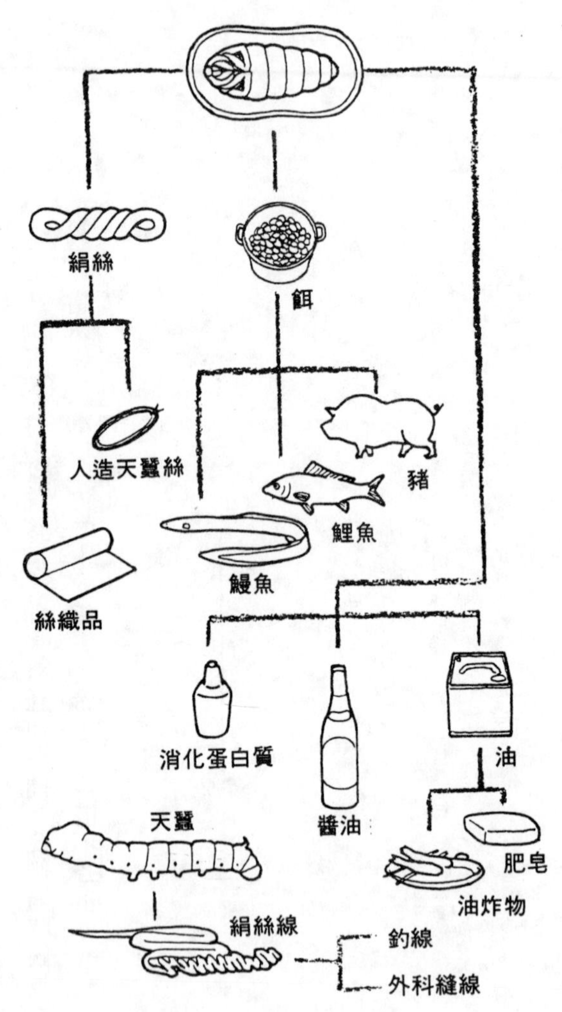
絹絲
餌
人造天蠶絲
豬
鯉魚
鰻魚
絲織品
消化蛋白質
油
天蠶
醬油
肥皂
油炸物
絹絲線
釣線
外科縫線

## 蠶的利用法

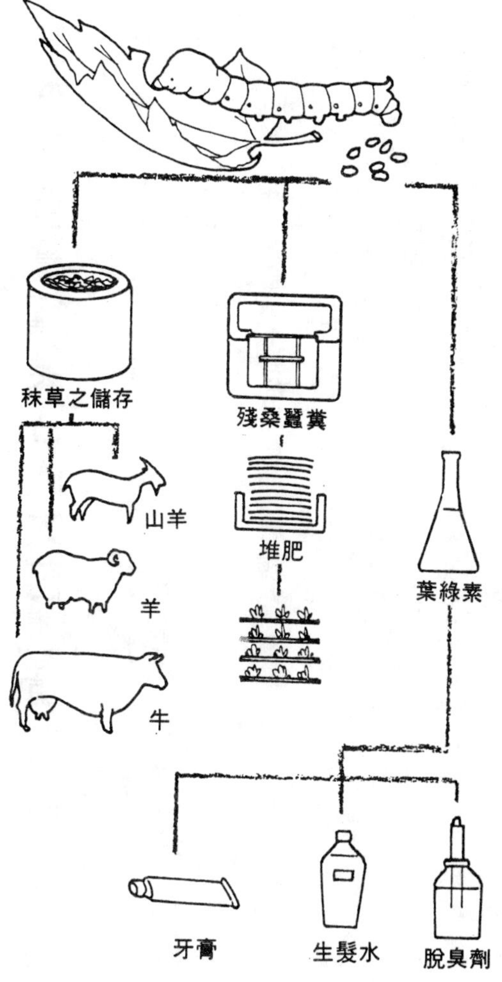


根據「用蠶的新生物實驗」（筑波書房）

## 我們來看看蠶糞美容的大前輩黃鶯糞

愛好風雅的日本人，喜歡絲綢光潤的色澤，以及皮膚的觸感。同樣的，對於黃鶯的歌聲也特別喜愛。

但黃鶯除了叫聲之外，其意想不到的副產品也帶給我們恩惠。它所排泄的糞對我們有非常貴重的功能。

自古以來，若要印染和服的花色，黃鶯糞是不可或缺的必需品。在元祿時期，要印染鮮紅的「長繻絆」（日服的長襯衣）花色，或印染家徽的圖案時，都是不可缺少的。

而且在去除衣服污點的同時，也不會傷害布料。因此，有人將鶯糞用於去除皮膚的黑斑，或使黑色的皮膚變白。尤其是演員（歌舞伎）或娼妓（藝者），爲了去除化妝品對皮膚的傷害，因而率先使用。

後來，這個習慣成爲製造美麗肌膚的清潔劑。貴族、武術之家、商家的太太們均廣泛的使用。由江戶時期開始，經過明治、大正、昭和，一直延續到現在。

那麼，黃鶯糞究竟對皮膚有何好處呢？

鳥類因種類不同，可分爲吃穀物的鳥，和吃生物（昆蟲、毛蟲、小魚）的鳥，依照飲食的不同，也排泄獨特的糞。

常說「梅樹配黃鶯」。是因爲這種野生的黃鶯最喜歡吃停在梅樹的毛蟲之故。

作爲餌的毛蟲，吃了梅樹的綠葉，成爲黃鶯最喜歡吃的食物。

黃鶯利用腸內強力的消化酵素，分解毛蟲的蛋白質及脂肪，以此消化吃下的毛蟲。但是黃鶯

| 對比成分表 | |
|---|---|
| 蠶糞 | 黃鶯糞 |
| 天然鈣質 2800mg/100g | 天然鈣質 含有 |
| 葉綠素（Chlorophyll）200mg/100g | 葉綠素 少量 |
| 礦物質（維他命C）等 | 礦物質 含有 |
| 酵素（蛋白分解酵素）（脂肪分解酵素） | 酵素（蛋白分解酵素）（脂肪分解酵素） |
| 成長荷爾蒙 | ——— |

的腸非常短，蛋白質以及脂肪、分解酵素、漂白酵素等有益物質，被含在糞中排泄出來。

而糞裡含有大量的蛋白、脂肪分解酵素，可溶解留在肌膚的污垢以及脂肪，而漂白酵素則可治療黑斑，或漂白肌膚。

現在家庭或業者所飼養的黃鶯都用配方飼料，但若要將黃鶯糞商品化時，其飼料應比照野生的黃鶯。蛋白的主要來源是鯽魚（淡水魚）的魚粉。脂肪的成分以米糠、綠葉、水果、黃瓜等加以粉末化，攪合後作爲蟲的味道再餵黃鶯。

如此一來，被排泄的糞，當天在溫室中以太陽曬乾，經過紫外線殺菌，再加以粉末化。雖然會殘留一點糞特有的臭氣而造成缺點，但因爲加工不良的話，酵素會被破壞，效力也會減半，所以並不刻意加工。

用黃鶯的糞洗臉顯然是自然之妙。一方面將污垢強而有力的去除，另一方面卻保留了必要的脂肪。洗臉後不會有硬梆梆的感覺，能製造滑溜且光潤的肌膚，使肌膚呈現理想的狀態。

從下一章開始，要和各位探討利用範圍遠勝於黃鶯糞的蠶糞。

# 第二章

# 這就是蠶糞美容的一切

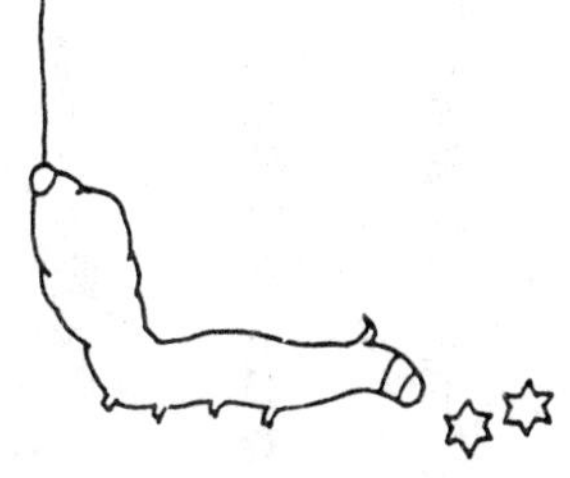

## 用蠶糞創造美麗的肌膚

經由和蠶專家一田先生結識，領教了種種有關蠶的事情，我的美容素材探訪之旅，興趣由絲綢轉向蠶，而後轉向蠶糞。

首先為了收集蠶糞，我拜訪了京都綾部市的京都府蠶業中心。這是日本數一數二的蠶研究中心，透過這個中心，委託養蠶農家收集蠶糞。

據說一般的養蠶農家，為了阻止糞的發酵，會撒上生石灰。但因需要純粹的蠶糞，所以透過中心，請他們不要撒石灰。

將用途告訴農家之後，他們欣然接受，並且進一步的協助我將蠶糞攤於日光下乾燥。乾燥後的糞比仁丹稍大，呈黑色。

研究的材料已經齊備，但若要成為美容素材的商品，則有許多障礙需要克服。首先分析成分，如果有一點對人體不良影響的成分存在，這就失去美容的資格。

再者，如果美容用品不含有效成分的話，儘管民間療法能有效的發揮效果，也不具任何說服力。

於是，我立刻將農家收集的糞，帶到靜岡的食品研究所，委託他們分析。因爲蠶攝取的桑葉含有大量維他命Ｃ，我自信大概不含對人體有害的物質，但對於其他的成分則全然不知。

數日後，食品研究所傳來了分析結果，是……。

分析結果有著驚人的資料。在一〇〇g中，含有高達二八〇〇mg的天然鈣質，超過二〇〇mg的天然葉綠素（Chlorophyll），其他還有維他命Ｃ及礦物質等，含有大量對皮膚有益的酵素，而完全沒有對人體有害的物質，得到能長期使用的保證（參照下頁）。

如黑色仁丹大小的糞，將其粉末化後，變成了綠色，有乾草般芳香的味道。配合皮膚的ＰＨ值，使它成爲能調整弱酸的鹼度。終於，完成我夢寐以求的美容素材。

# 分析・試験証明書

依頼者

殿

No. 8CA - 1362 号
昭和 63年 8月 4日

食品衛生法 政府 指定検査機関
輸出検査法 政府 指定検査機関
J A S 法 政府 登録格付機関
飼料安全法 政府 指定検定機関

財団法人 日本缶詰検査協会
清水検査所

品　名

表示事項

昭和 63 年 7 月 21 日当協会に提出された上記試料について分析・試験した結果は下記のとおりであることを証明します。

記

分析・試験結果

| 試験項目 | 試験結果 | 試験方法 |
|---|---|---|
| 重金属（鉛として） | 2 ppm | 硫化ナトリウム比色法 |
| 鉛 | 0.08ppm | 原子吸光光度法 |
| ヒ素 | 検出せず | DDTC－Ag法（検出限界 0.2 ppm） |
| クロロフィルa | 201 mg% | 吸光光度法 |
| クロロフィルb | 183 mg% | 吸光光度法 |
| カルシウム | 2800 mg% | 原子吸光光度法 |
| 総ビタミンC | 7 mg% | ヒドラジン法 |
| アルカリ度 | 220 * | 中和滴定法 |

* 試料 100g 当りの 1N HCl 必要量（ml）

――以下余白――

本部03(535)4351(代)　小樽 0134 (25) 1231　仙台0222(25)2328(代)　東京03(535)4017(代)　横浜045(201)7031(代)
清水0543(53)0181(代)　神戸078(302)7771(代)　門司093(321)5161(代)　長崎 0956 (22) 5483

## 分析、測試證明書

委託者

　　　　　　　　　　　　先生

| | | |
|---|---|---|
| 食品衛生法 | 政府 | 指定檢查機關 |
| 輸出檢查法 | 政府 | 指定檢查機關 |
| JAS　法 | 政府 | 指定登記機關 |
| 飼料安全法 | 政府 | 指定檢定機關 |

品名

財團法人　日本罐頭檢查協會
清水檢查所

表示項目

昭和63年7月21日向本協會提出上述試料，分析測試的結果如下記，在此證明。

**分析測試結果**

| 測試項目 | 測試結果 | 測試方法 |
|---|---|---|
| 重金屬（鉛） | 2 PPM | 硫化鈉比色法 |
| 鉛 | 0.08PPM | 原子吸光光度法 |
| 砒素 | 檢查不出 | DDTC－Ag（檢出界限0．2PPM） |
| 葉綠素 a | 201mg% | 吸光光度法 |
| 葉綠素 b | 183mg% | 吸光光度法 |
| 鈣質 | 2800mg% | 原子吸光光度法 |
| 綜合維他命 C | 7mg% | 肼法 |
| 鹼性度 | 220 | 中和滴定法 |

＊每試劑100g 當中的 IN HCI 必要量（ml）

————以下空白————

## 蠶美容法和以往的美容法有何不同？

請再回溯第一章中，黃鶯糞及蠶糞的成分分析比較。對美容而言，無論是有效成分，或是利用範圍，蠶糞都遠超過黃鶯糞。我一直執著於自然素材，而蠶糞的優越性經過分析後，已證實爲最佳自然美容素材，在歷史中也可得到證明。

那麼，究竟蠶糞所含的成分和美容有何關連，我們具體的考察看看。

當然，在思考美容法時，有幾個重要因素。

**①促進血液循環**

**②維他命群及荷爾蒙分泌的補助**

**③提高神經功能**

乍看之下，好像和美容毫無關係，但這正是支持美容與否的三個支柱。

首先我們來看看①促進血液循環。大家都知道，身體營養素以及氧是由血液輸送的。

如果因飲酒過度、抽煙，使血液循環產生扭曲的話，皮膚就會如營養不良、缺乏氧氣的金魚般掙扎。對健康有不良影響是顯而易見的。

這時若出現大量含有天然葉綠素（hlorophyll）的蠶糞，很快就可被肌膚吸收，可以強而有力的促進血液循環。

②維他命能幫助荷爾蒙的分泌。

各位聽到荷爾蒙，大概只知道女性荷爾蒙及男性荷爾蒙而已。女性荷爾蒙製造女性的象徵，而男性荷爾蒙則製造男性的象徵，我想這是一般人的想法，認爲荷爾蒙分泌旺盛的話，女性就會保有女人味。

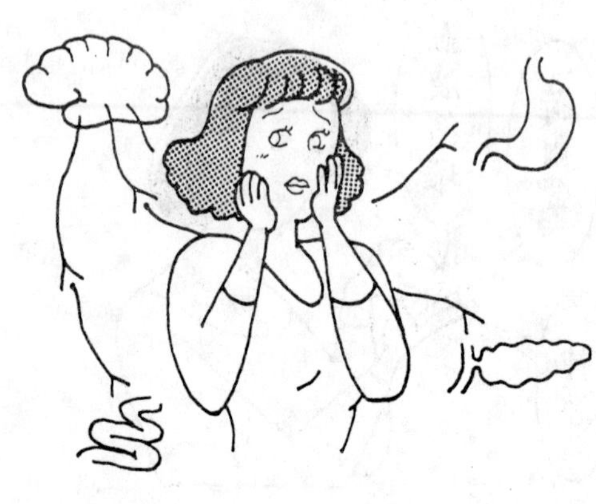

最近在美容醫學方面，爲了防止女性荷爾蒙分泌的衰退，聽說強制的將女性荷爾蒙注入體內。其實並不必這麼做。蠶糞可自然地促進荷爾蒙分泌，藉此影響皮下組織。

③提高神經功能。如果神經功能衰退，身體不能有效接受腦部的指令。胃、腸等內臟的功能完全由神經控制，如果功能不好的話，當然對肌膚有不良的影響。在蠶糞中含有多量的維他命，可提高神經功能，是維持年輕的特效藥。

使以上三個要素活潑的發揮功能，爲美容、健康的首要條件。蠶美容的優異性，在於充滿著促進活性化成分。

## 蠶糞是能滲入皮下組織的劃時代美容法？

蠶糞美容法會使全身的「血液循環、荷爾蒙、神經」的功能活潑，由身體內部恢復美麗、年輕的全身美容法。

不僅對皮膚表面有益，由臉至整個身體皮膚的皮下組織，也都能給予良好的影響。

不管怎麼說，要有美麗的肌膚，必須先有健康的身體。身體健康的話，肌膚當然跟黑斑、皺紋以及粗糙的皮膚無緣，並且能維持著細膩肌膚。

中國古諺語有「肌映內臟之鏡」這麼一句話。將內臟的狀態如實映出來的鏡子，就是肌膚。

不健康的內臟映出的肌膚，當然會很難看。

並且，蠶糞美容法不僅直接作用於身體，塑造出細膩肌膚而已，也可利用芳香療法（

aramatheraty）的香味，達到安定精神的效果。（參照第五章）

以身體表面能有效吸收所精製的蠶糞，不但含有天然葉綠素（hlorophyll），據說也有田園般的芳香。

在這種殺伐的競爭社會中，很容易磨損神經，這芳香可讓妳感覺到悠揚的歌唱，以及絲路的浪漫。

## 提高新陳代謝塑造細膩肌膚

蠶糞中含有的成分，對肌膚來說，個個都能發揮效果。但綜合來說，就是使肌膚新陳代謝活潑的作用。

我們常說，嬰兒和小孩因爲新陳代謝旺盛，所以……。以這樣比喻新陳代謝。只要新陳代謝活潑，就能將黑斑、皺紋等毛病防犯於未然。可不是嗎？從沒聽過嬰兒和小孩有黑斑和皺紋的煩惱。

那麼，新陳代謝衰退的話，將會變得如何呢？

淤血、化妝品、油垢等的香料傷害，紫外線等，會將色素沈澱在皮膚。這也就是所謂的「黑斑」。而皮膚稱爲皮孔的毛孔部分，若新陳代謝衰退，就會產生皺紋。

這個部分的新陳代謝停滯的話，皮孔會逐漸加深，同時，皮膚也會失去彈性。結果皮膚

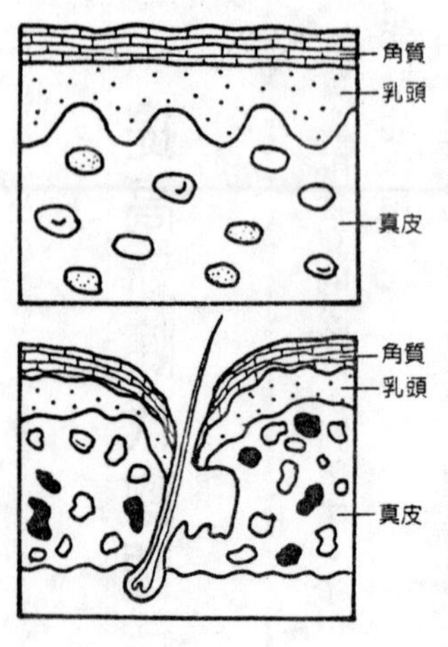


（肌膚的構造圖）

〔沒有毛病的光潤皮膚〕
角質、乳頭所含的水分適量，為理想的肌膚。乳頭的波浪狀也非常整齊。

〔毛孔陷落，粗糙的皮膚〕
毛孔敞開，是皮脂分泌旺盛者的肌膚。如果沒有保養的話，毛孔周圍會陷落，使皮膚粗糙。

就容易形成橫溝，產生皺紋。但不要太擔心，既然知道黑斑及皺紋的產生原因，要應付它就簡單了。

蠶糞中含有高單位的天然葉綠素以及蛋白分解酵素，可以提高肌膚的新陳代謝。

## 打碎張貼在皮膚上的城壁是蠶糞的潛力

蠶糞還有另一個值得特別一提的效用，那就是可以打碎圍繞著肌膚的生理城壁（Barrier Zone）。

肌膚城壁？這麼說的話，你也許感覺奇怪。實際上，這個城壁緊緊的貼在皮膚的表面附近，保護異物的入侵。

這個城壁對身體的重要性，是毋庸置疑的重要。如果說沒有了這個功能，人就活不下去，一點也不爲過。

請你想想看，如果人的身體如布頭般，能染上任何東西的話，你可能嚇得連咖啡都不敢喝。譬如，在海邊游泳時，若身體吸入鹽水，就會像藥屬葵蜜餞般的膨脹起來。使人想起來就害怕。

雖然這麼說，保護皮膚的城壁，在有關美容方面，是稍微麻煩的東西。無論擦了多少面霜，都無法滲透到皮膚裡，全部被擋在表面。

如此說來，面霜只是抹在表面而已，一點也收不到效果。

一提到面霜，常有擦了之後皮膚會光潤的說法。事實上，這種光潤背後另有文章。只不過是使乾燥的肌膚補上油分而已，完全是一時表面功夫。感到光潤是由於面霜中含有的油脂成分，並不是肌膚產生了光潤感。

意思是說，如果要使面霜深入肌膚，就必須把肌膚的城壁打破，使其能滲透到肌膚的內部，不然的話，一點用也沒有。爲什麼呢？因爲由身體內部推出到表面的東西，使得肌膚有光潤感，而這種光潤感是在被城壁保護的內部。

那麼，使用任何基礎化妝品都不行嗎？這種疑問是理所當然的疑問，而能對這個疑問提出解答的就是蠶糞。

蠶糞的有效成分已提過好幾次。不只在身體表面而已，它的效果能擴大到內部，潛入城壁內部，由裡向外，有效的擴大幅度來幫助我們。

# 第二章　這就是蠶糞美容的一切

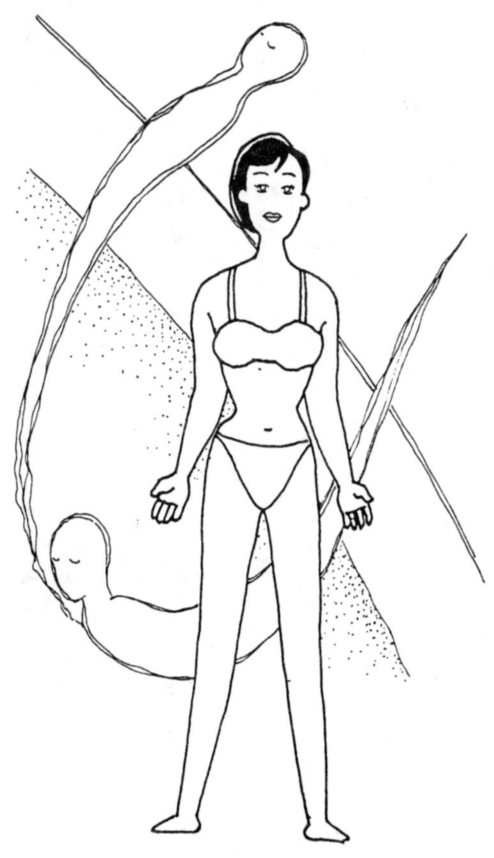

# 你有沒有做了錯誤的美容法？

無論你多麼注意美容保養，如果方法不正確的話，只是「百害而無一利」，這也就是美容嚴格的地方。

在這裡，我想列舉我認爲錯誤的美容法，並說明其原因。

希望讀者諸君先瞭解，各位一向視爲理所當然，以下將會介紹的美容法，究竟對肌膚有何不良影響？希望能有正確的認知。

## ●是否用衛生紙來卸妝？

關於這一點，我想很多人都會說「並不是經常如此，但如果身邊有衛生紙的話，也會不經意的使用」。

千萬不要這麼做。用衛生紙擦拭肌膚時，衛生紙的纖維會因與肌膚摩擦而攤開，使纖維

進入毛孔，因而引起炎症，造成皮膚騷癢。

不要因爲很方便，就沒有注意，毫不在乎。

應該用良質的棉花，很溫柔的去除污垢，然後依照正確的步驟洗臉。

**●用冷水洗臉時，皮膚有沒有緊繃的感覺呢？**

只是單純的將洗臉台的水放著洗臉，是有點危險的洗臉方法。

「咦！用冷水洗臉，不是有助於皮膚的收縮嗎？」有這種想法的人，我想爲數不少。但那完全是錯覺，因爲毛孔一收縮，殘留在毛孔的化妝品及污垢，反而不容易洗掉。

那麼，相反地用熱水使毛孔張開就可以嗎？這也是錯誤的。因爲用熱水洗臉，會去除過多皮脂，使肌膚變得粗糙。

洗臉時，水溫過冷或過熱，都是不適當的。三十二度左右的水溫可使肌膚沒有負擔，也能完全去除污垢，是比較合適的溫度。冬天時，不會感到水冷，夏天時稍微感到溫溫的即可。

## ●是否按摩過度？

對身體有益的按摩，對肌膚當然也有益，因這種想法而不斷的按摩肌膚，對肌膚來說，是不太值得推薦的方法。

的確，以按摩刺激皮膚，促進血液循環，能提高皮膚的功能，改善營養素的循環。但這只是針對訓練有素的專家而言，若只是一味的搓揉，反而是百害而無一利。

我奉勸各位，寧可以指尖拍打較好。

如此說來，只是以指尖拍打肌膚而已，非常簡單，在強化血管的同時，也可鍛鍊「表情肌」，有防止皮膚下垂及皺紋的效果。既能直接刺激皮膚，也不必擔心會傷害皮膚細微的纖維質。

不知各位有何感想！這只是一個例子而已。對以往自己所知的美容常識一點也不懷疑，一味實行自己熟知的美容法。在被指摘出缺點後，或許很多人覺得情何以堪，受到了嚴重的

打擊。

『美容由懷疑一般性常識開始』，這是我長年擔任美容師，看了各種美容法後所得的結論。一般說來，在美容業界，往往是先採行形象戰略。以化妝品來說，一般都說選擇國內一流的美容品製造公司，不然就認為高價的舶來品較好。

因為一般的常識都與正確知識相去甚遠，所以我不得不這麼說。

若忽略自己的膚質，以及當時的皮膚狀況，只是以名牌形象來選擇化妝品的話，就是要皮膚配合化妝品，對皮膚來說，眞是太殘忍了。首先要調整自己皮膚的狀況，因此，化妝品必須不限定何種肌膚，讓男女老幼都能安心使用，所以我推薦最佳的自然基礎化妝品『蠶糞』。

# 不注意健康會使皮膚提早老化

肌膚老化的根本因素，目前還沒有清楚的解答。但下面所列舉的四個要素，會加快皮膚的老化，至少在美容師之間已被認爲是一般常識。

①抽煙
②壓力
③飲食生活紊亂
④睡眠不足

將這些因素反過來，就是保持肌膚年輕的秘訣。

均衡的飲食生活、充足的睡眠、適度的運動以及對健康的重視，以餘裕的精神生活爲基礎，就可維持肌膚的健康。

接著，我們具體的探討前述因素。

首先由①抽煙來看。如果你是老煙槍的話，要注意肌膚的疲勞。

香煙中含有尼古丁、焦油和一氧化碳，這是使肌膚粗糙的三惡棍，是美麗肌膚的天敵。

尼古丁進入人體後，心臟需要輸送更多的血液，因此使血液上昇，但是通路中的毛細血管，反而會收縮。毛細血管是輸送營養給皮膚的重要角色，如果收縮的話，營養就無法充分到達，新陳代謝也就降低，因此成爲皮膚粗糙及黑斑、皺紋的原因。

焦油和一氧化碳同樣會使新陳代謝降低。以一支香煙破壞25 mg維他命C的資料來看，我想各位可以知道香煙對皮膚有多壓不良的影響。

化。只要戒煙，並充分的攝取營養，恢復的可能性很大。

然而，幸虧這樣的皺紋只是暫時性的皮膚變

接著，我們來探討②壓力給予肌膚的不良影響。

我們看到皺紋多的人，就會有「操勞過度」的感覺。說來奇怪，一帆風順，過著充實人生的人，皺紋及黑斑也少，看起來比實際年齡年輕。病由氣而來，顯然地『美肌由氣而來』。積壓不平、不滿的話，黑斑及小皺紋也會增加。

拜訪我研究室的A小姐（25歲），肌膚已失去了光澤，無論再怎麼保守的估計，看來都差不多有三十歲。

「我剛剛換工作，覺得好像與工作場所的氣

氛格格不入，無法溶合。」

她以毫無精神的表情訴說著。

於是我建議她「公司不是你生活的全部，不妨專注於興趣」。

之後，A小姐去以前感興趣的拼圖教室。如此一來，不到三個月，A小姐完全改變。肌膚顯得光潤，皺紋、黑斑也沒有那麼明顯，不順的生理也變得和順。

正如這個例子所說，壓力大、情緒不佳的話，會成爲黑斑及皺紋的原因。這正證明了『肌映心之鏡』這句話。

接著看看③的飲食生活。

沒有健康的身體，就無法製造健康的肌膚。爲了維持身體的健康，飲食生活必須很有規律，營養也必須取得均衡。尤其有工作的女性，難免會應酬或加班，使人難以過著規律的飲食生活。

在不知不覺中，外食服務逐漸增加，營養不均衡的情形也日益嚴重。

的確，女性參與社會之後，附帶有許多的犧牲。但只要稍微注意的話就能改善。與其說爲了肌膚，不如說是爲了製造健康有活力的身體。暴飲暴食，或不規則的飲食時間、營養的

偏差等，我們必須認眞考慮飲食和美容的關係。

就營養和美容的含意來說，如果你是『維他命C神話』的信奉者，這未免太過單純？我抱持著懷疑的態度。

大量攝取維他命C，的確對肌膚有好處。在現在的美容界，已經是一般的常識。

問題在於維化命C的攝取方法。這麼說的話，你也許會義正辭嚴的說：

「縱然是在外面吃飯，我一定要吃沙拉。並且以大量水果代替零食。我覺得已充分的攝取維他命C，所以不必擔心黑斑或皺紋。」

但這只是對美容常識會錯意，太自以為是。

當然，蔬菜和水果中含有維他命C是事實，但這種維他命C的攝取量很少，並沒有達到防止

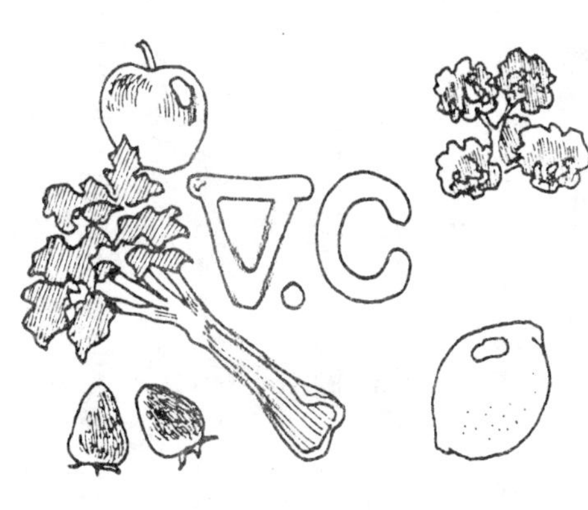


黑斑或皺紋的量。

不僅如此，甚至可能有害。這樣說，也許各位會覺得「咦！可能嗎？」但是你認爲最好的美容食品沙拉，其實是黑斑及皺紋的元兇。從營養學的觀點來看，確實有可能。

例如，荷蘭芹、檸檬、芹菜等，看來好像含有大量的維他命C，其實這類蔬菜反而是黑斑的產生原因，這確實令人吃驚，爲什麼會如此呢？老實說，這類食物容易對光產生敏感反應。

因此，若持續食用這些食物，體質會逐漸改變，使皮膚對一點點的紫外線也會有反應，變成敏感的皮膚，容易長出黑斑。

最後，我們來看看④睡眠不足。

睡眠不足是肌膚的大敵。只要身爲女性，應

該都聽過才對。

首先請各位記住『美麗的肌膚是夜晚製造出來的』。只要繼續閱讀下去，就能充分了解這句話的含意。現在，我們就開始吧！

現在，女性普遍的參與社會，爲了應酬，必須喝酒，爲了趕時代，電視要看到很晚。夜貓族越來越多。

然而，夜貓子的增加也和皮膚毛病的增加成正比。聽到這樣的話，我想你的內心無法保持平衡吧。

本來人的身體充滿了各種神經，其中無法由自己控制，但卻能控制身體的，就是自律神經。自律神經是由分泌腎上腺素的交感神經和分泌乙醯膽鹼的副交感神經構成，但這兩種神經的性格卻完全不同。

交感神經在白天發揮功能，夜晚則進入睡眠狀態，而副交感神經此時即發揮功能，使心臟功能緩慢，並使血壓下降。

在睡眠當中，皮膚的血管會擴張，血液循環因而提高，流到身體的各角落，給予皮膚營養和活力，並促進新的細胞分裂。

• 美麗的肌膚是夜晚製造出來的

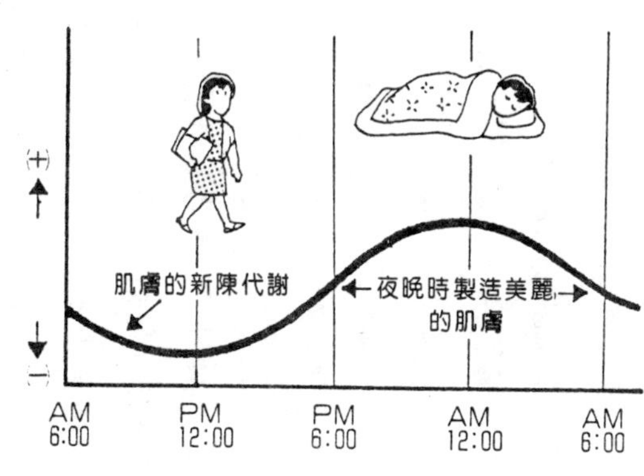


也就是說，該睡的時候沒有睡，對肌膚就會產生不良的影響。

熬夜到隔天早晨，皮膚變得乾燥，不容易上妝，相信誰都有過上述的經驗。這是因爲沒有得到原本應該在睡眠中得到的營養及活力。如果只是偶爾一、二次，不必那麼擔心，但如果持續這種情形的話，會使皮膚疲勞，加速老化。因此，若考慮到美容方面，我們最好不要成爲夜貓族。

接著，我們看看肌膚組成的循環。

皮膚細胞四週爲一循環，也就是大約二十八天後再生。而維持再生的秘訣就是睡眠。

睡眠如果不足，即將生成的細胞就失去了出口，無法完整的生長，或者有了缺損，而其代價就是粗糙的皮膚，以及皮膚彈性不足等。

肌膚再生的循環，每天由夜晚十點到半夜二點進行皮膚代謝，二點到六點時，身體和肌膚會進入休息時期。

再生、休息及睡眠都有一定的規律。

但並非是睡了就好，睡眠的深淺也有影響。例如，由夜晚十點到翌日清晨六點的八小時睡眠來說，睡眠淺的人和睡眠深的人就會產生差異。

睡眠淺的人不能充分的去除疲勞，肌膚的再生能力自然也比較弱。

因此，因爲壓力而無法深睡的人，要儘量使神經鬆弛，才能有深的睡眠。

爲了這個目的，對於寢具、光線、聲音，以及下一章會詳細說明的香氣等，都要加以注意。準備好的環境進入睡眠狀態，是非常重要的。

人身體的活動有一定的組織系統，以有限的血液輸送一定的氧氣及營養，和廢棄交換，以維持『生命』。而皮膚的營養與廢棄物的交換時期就在「夜晚」。由夜間十點到清晨四點左右，是皮膚細胞進行細胞分裂之新陳代謝的時間。皮膚在人就寢之後，受到血液的支持，整夜運作著。

皮膚如此拼命的運作，而我們卻用香煙、壓力，錯誤的飲食生活和睡眠不足等加以阻礙

•肌膚再生的循環

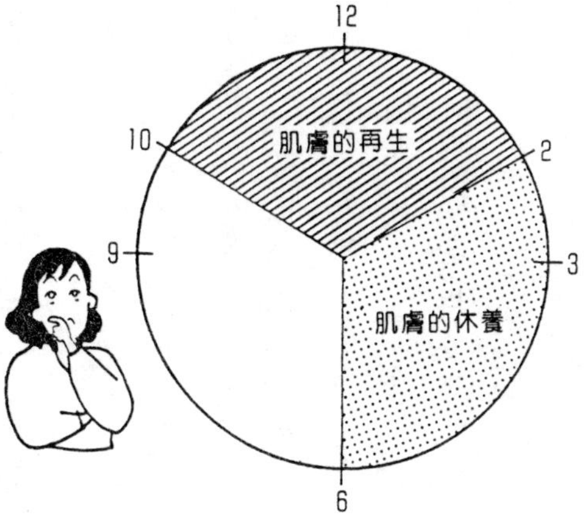

12
10
2
9
3
6
肌膚的再生
肌膚的休養

的話，想要擁有彈性溼潤的皮膚是不可能的。

來我研究所拜訪的幾位餐廳女侍，就是現成的例子。

以她們的生活方式來說，如果繼續持續的話，不管蠶美容有多好，對肌膚的調整仍是有限的。然而，其中也有結了婚，過著日間生活的人，她們的皮膚越來越光潤。人身體的構造眞是非常巧妙。

## 希望被稱為「美肌美人」的肌膚返老還童術

常說「二十五歲是肌膚的轉捩點」。的確，以二十五歲的皮膚組織和十多歲時相比，已經喪失了再生能力。例如，支撐皮膚滋潤及彈性的彈力纖維，已經無法製造新的纖維。換句話說，若彈力纖維被紫外線破壞的話，只會一直減少，使肌膚開始下垂，最後產生皺紋。

但這只是說再生能力減弱，皮膚並不會由那天起開始退化。正如人到了某個時期，身高停止生長，但並不代表人馬上就開始老化。

那麼，何時開始老化呢?幾乎所有的人都在四十五歲到五十歲之間。

從二十多歲到四十五歲之間，至少有二十年以上的緩衝期。

這個時期若從事正確美容的話，也不必擔心年齡已經二十五歲，即使四十多歲、五十多歲，仍然能保持美麗的肌膚才對。

光潤、健康的肌膚，是所有女性的願望。擁有健康的肌膚，不但上妝容易，也能防犯黑斑及皺紋於未然。

但相反地，在這個時期如果美容法錯誤，事實上會加快肌膚的老化。

維持喪失再生能力的肌膚之秘訣，首先要知道自己的膚質，並尋求合乎自己生活節奏的生活。

而經常保持年輕的心情，不惜爲這個目標努力的態度非常重要。

# 你對自己的肌膚有信心嗎？

女性的肌膚是否細膩、光潤，是由看的人眼光來決定。朝氣勃勃生活充實的人，其肌膚多富有彈性，且滑潤光澤。話雖如此，肌膚的彈性、光澤會隨著年齡的增加而喪失，不久之後，無論你願不願意，都會出現黑斑、皺紋。對這種老化的現象如何應付呢？

以現代的美容醫學來看，去除皺紋的整形手術，是將荷爾蒙注射到皮下組織，使皮膚保持亮麗、富有彈性，這是可以做得到的。

但是，我所強調的是自然的美容法。與年齡不符的人工皮膚，我不認爲是非常美麗的。其實並不必那麼做，擁六千年的歷史，由人類的睿智所產生最佳的自然素材『蠶糞』，若以它來從事新的美容法，可以輕易使肌膚比實際年齡年輕五～十歲。這個技術本書將具體的加以說明。

那麼，正確的皮膚保養方法究竟如何？

給予皮膚水分的話，將皮膚看起來很美。但只是如此的話，並無法抑制皺紋、消除黑斑。

而洗臉或敷臉，也不是有做就好，如果方法錯誤的話，反而傷害皮膚。

對付皺紋等皮膚毛病最大關鍵在於，充分利用肌膚本身具有的自然回復力。而能立即解決各種皮膚保養的問題點，有如魔法般的素材，就是本書所提的『蠶糞』。

## 並不是昂貴就有效

我因爲職業的關係，常使用各種的化妝品。有的是朋友推薦，有的是由雜誌廣告得知。而這些化妝品的宣傳，使人一看就想試試，常引起消費者的購買慾望。

雖然冠冕堂皇的假借美容研究的名義，但購買時仍然半信半疑，對於美容，是女人與生俱來的天性？連行家的我都露出了弱點。閱讀本書的讀者，情形大概也和我一樣吧！

結果如何呢？變得漂亮了嗎？花了多少錢呢？如果是便宜的東西，那試一試也不錯，但如果是感覺很有效的價格（高價）時，就將心一橫，忍痛的買下，以自己難以相信的速度，快速計算在每個月的美容花費中，應削除哪些項目來付這個費用。這眞不可思議。

我們以一般女性的美容費用爲例想想看。

髮型美容費（燙髮、整髮、染髮、修剪頭髮等）。

化妝品費（敷底的化妝品、基礎化妝品，其他如指甲油、除毛劑等消耗品）。

服裝費（包括鞋子、皮包等）。

健康食品（有關減肥、美化肌膚商品）。

我只是想到什麼就列舉什麼，但仍要花費六萬～八萬日幣。若進一步想去除皺紋、黑斑、減肥等……，一旦產生這種念頭，就會削減茶點費、約會費用，以及家庭生活費等來增加化妝品費用。

但如果效果真的獲得證實的話，不管花費多少錢，和喜悅相比，仍然是很便宜。這就是女人心。但若沒有效果，反而引起皮膚發炎，或起斑疹的話，等於是將錢丟到水溝一樣。

並不是以價錢的高低，或商業廣告的多寡來評定效果。正如人與人投緣與否一樣。你和化妝品也有投不投緣的問題，這一點應該了解。

## 要看化妝品適不適合自己的肌膚

那麼，如何知道是否適合自己的肌膚呢？

爲了知道這一點，首先你必須知道自己的膚質。

知道自己肌膚的類型之後，才能選購和自己的肌膚完全配合的化妝品。

我們來具體的探查膚質。

### ▲正常皮膚（Normal Skin type）

水分和皮脂取得平衡，具有適度的光潤，是漂亮整齊的理想肌膚。

理想的肌膚容易受溫度及溼度的影響，也說是說，會隨著季節的變化而改變。

無論就好的方面或壞的方面而言，都是順應性強的肌膚。應分別使用合乎季節的化妝品

，隨時序的變遷臨機應變。

**▲乾燥皮膚（Dry Skin type）**

因爲皮脂分泌少的緣故，造成皮膚表面粗糙，膚紋不整齊，肌膚看來也沒有光澤。

這種膚質的人，夏天要特別注意。因爲陽光會使新陳代謝活潑，但同時也奪去了皮膚表面的水分，如此一來，皮膚乾的情形會越來越嚴重，容易引起皺紋。

**▲油性皮膚（Dily Skin type）**

因爲皮脂分泌旺盛，所以肌膚很容易骯髒。容易出現青春痘以及其他腫瘤物的肌膚，就是屬於這個類型。

這種類型的人，一天要洗臉三次以上，以去除肌膚的脂分。

早上上妝時非常順利，但一到了中午，因爲皮脂及汗水的分泌，妝會開始脫落，必須特別注意。

一般肌膚可分爲以上三種類型，但應該注意的是，大多數的人都兼具了這三種類型。

也就是說，鼻子周圍是油性，眼睛周圍則是乾性，大部分都是這種複合型的人。

既然這樣，要好好觀察自己的臉，依照各部位的膚質好好的保養。

自認爲自己的膚質就是「這樣」，胡亂的塗抹化妝品，眞是愚蠢之至的行爲。

知道皮膚的狀況，瞭解這三種類型每天都在改變，依照當時的狀況來保養肌膚才是最重要的。

尤其是，希望讀者諸君能從生理期前後肌膚的變化、睡眠狀態、便秘等種種狀況，仔細觀察肌膚的狀態。

選擇化妝品時，必須注意臉部肌膚的變化，及配合自己精神和肉體的狀況，如此才能完全適合你，也才能確實保養皮膚。

## ●你的肌膚是何種類型？

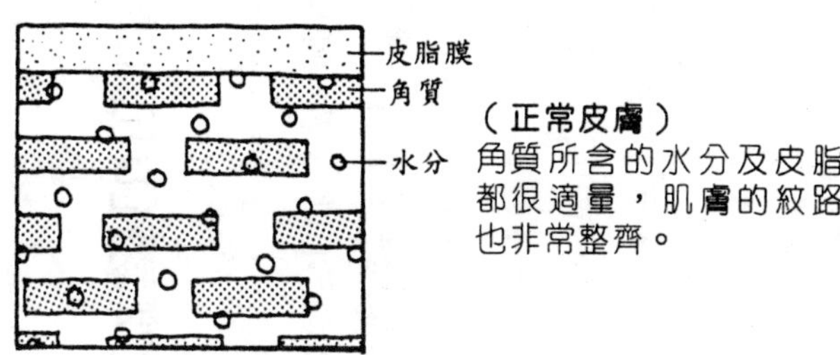


（正常皮膚）
角質所含的水分及皮脂都很適量，肌膚的紋路也非常整齊。

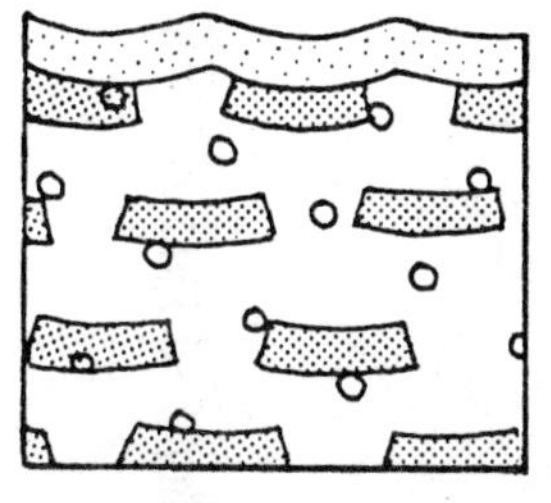

（乾燥皮膚）
皮膚的水分，皮脂量少。洗臉後，皮膚有緊繃感，上妝不易，容易產生小皺紋，並肌膚變得粗糙。

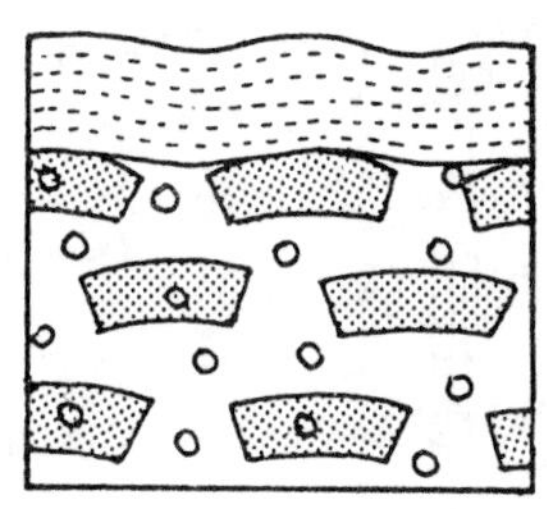

（油性皮膚）
皮脂量多，皮膚油膩。因為皮脂容易骯髒，所以容易產生細菌，成為青春痘及腫瘤的原凶。因毛孔經常開啟著，皮膚容易感覺粗糙。

## 擇適合自己膚質的化妝品之重點

我想各位已經了解，自己的膚質必須配合化妝品，以上簡略說明化妝品的類型。

我所開發的『蠶美容』，就是調整膚質的基礎美容，能夠發揮基礎功能。更明白的說，有效的可使所有人的膚質變為正常型的白皙皮膚。既然如此，對白皙的肌膚描繪出美麗圖畫的，當然是你的工作了。以『蠶美容』所調整的肌膚，要活用它或毀壞它，全都取決於你。

如果各位能確實記住化妝品的特性，塑造成最能反應自己個性的藝術作品的話，我就感到非常光榮。我們觀察一下，能將肌膚塗上色彩的各種化妝品。

### ▲化妝水

化妝水可分為鹼性化妝水和酸性化妝水。鹼性化妝水能使角質柔軟，並能去除污垢，使

肌膚有滋潤的效果。我推薦乾性肌膚的人用。

相對的，酸性化妝水有使肌膚結實的效果，我推薦油性肌膚的人使用。當春夏兩季皮脂及汗水分泌較多時，可用來防止化妝脫落。

蠶糞化妝水有高單位的葉綠素，能防止紫外線所引起的皮膚粗糙、日照所引起的黑斑、雀斑，並能調整膚紋，給肌膚光潤，無論乾性肌膚或油性肌膚，都能發揮效果。

## ▲乳液

乳液是以人工的方式保護皮脂膜的化妝品，其特徵是比面霜的水分多。對乾性皮膚的人，具有滋潤的效果，是不可或缺的化妝品。

## ▲粉底

這是最具代表性的化妝品，能創造出皮膚的基礎顏色。這個素材容易脫落，所以使用礦物油，另外，也使用稱爲乳化劑的添加物。因此，使用之後必須仔細卸妝。

## ▲蜜粉

它會吸收水分和油脂，防止油性肌膚化粧時脫落，對於某程度的日曬有防止效果。但若長時間使用，會奪去肌膚的水分，有害於皮膚的呼吸，必須小心。

我想各位都知道，化妝品都有保證期限，如果超過這個期限，它可能會腐壞，內容物也可能起化學變化，因而傷害皮膚。所以，有必要好好的確認保證期限。

通常的保證期限是兩手。若是使用天然素材的商品，有時比這個期限更短。因此，即使是很喜歡的商品，也不要大量購買，能在一季內用完，才是聰明的買法。因爲春夏兩季，肌膚的皮脂分泌較多，所以需要乾性的化妝品。而冬天時，肌膚容易乾燥，需要油性的化妝品。如此依照季節更換化妝品，才是保護美麗肌膚的要領。

春
夏
秋
冬

## 化妝品適用與否的試貼測驗（patch test）

開始使用新的化妝品時，皮膚若感到刺痛或紅腫的話，誰都知道這個化妝品不適合自己的皮膚。

但是老實說，很多人常在不自覺的狀況下，持續使用不適合自己肌膚的化妝品。如果這樣放著不管的話，會形成小皺紋或在皮膚上留下黑斑，造成非常嚴重的狀況，所以要非常小心。

爲了防犯未然，應該怎麼辦才好呢？在買新的化妝品時，一定要做試貼測驗。在這裡介紹最簡單的公開試貼測驗。

目前在日本所販賣的化妝品，是以世界上公認爲最敏感的日本女性肌膚爲基準。因此，在安全、品質管理方面，堪稱爲世界一流水準。然而化妝時產生斑點，是一種過敏反應，無

## ●試貼測驗的作法

①將化妝品塗抹在大腿內側，大約10元銅板大小的範圍，同一個地方一天塗3次。如果沒有異常，就做第②個步驟，若有異常，其症狀是癢、紅腫以及斑點。

②接著每天塗3次於耳後方，持續一個星期，如果沒有異常就可以使用。

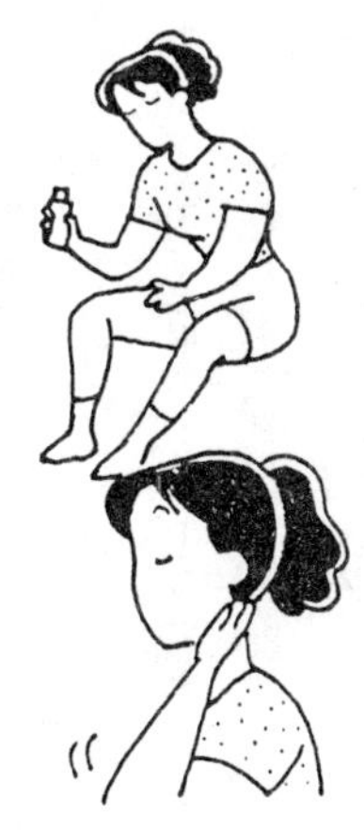

論基準訂得多嚴格，也不能保證所有的人都百分之百安全。

一般人也許會說，何必做這麼麻煩的事。但在安全的大前提下，如果不做試貼測驗，那要變成美肌美人的道路是又險又遠。

## 黑斑、皺紋的大敵——「紫外線對策」萬無一失嗎？

日曬是黑斑的原凶，我想各位已經耳熟能詳。不僅如此，日曬也是形成皺紋的原因。附帶一提，很多人都認爲只要擦防曬面霜就可以防曬，遏止皺紋、黑斑的產生，其實這種對防曬面霜會錯意的人很多。

防曬面霜最多只能發揮二小時的效果，如果想要有更長的效果，必須以二個小時爲時限，重新洗臉，然後再上妝，並且要徹底的做。

不僅是在太陽嚴熱的夏天而已，日曬較弱的冬天，以及雲多的日子，紫外線的量並沒有改變，這一點必須要知道。

只不過不會像夏天的日照一樣，馬上就影響到肌膚。紫外線在四季中，時時逼迫你重視的肌膚老化。

如果不願意有黑斑、皺紋的話，無論在什麼季節，都應該隨時隨地防止紫外線的傷害。

儘管紫外線對皮膚不好，但也不能對皮膚保護過度，整天躲在家裡。

最近看了化妝品公司的商業廣告，只是一味地強調紫外線的傷害，難道應該將紫外線看得這麼不好嗎？

對皮膚來說，紫外線的確有許多弊害，但反過來說，日曬卻能使皮膚累積維他命D，可使骨骼健壯，也能使皮膚表面保持年輕的氣息。

因此，如果你對肌膚採取體貼行動的話，必須考慮補給維他命D含量多的食物（沙丁魚、秋刀魚、青花魚）。

並不是一味地防衛紫外線，重要的是利用食

品由體內來防禦，也可利用蠶糞來做事後完整的護膚。這可說是保持皮膚年輕的方法。

如果覺得今天日曬久了一點，可以用由蠶糞提煉成的化妝水來拍打過熱的皮膚，如此就能促進肌膚的新陳代謝。像如此細微的心意，是防止肌膚老化的秘訣。

## 以運動磨練肌膚

如果說這是我基本的美容理念，也許你會覺得我誇大其辭。也許你使用蠶糞美容，使皮膚看來很光亮，但並不是外表漂亮就是美麗。保持輕鬆愉快的心情，過著有活力的生活，可以創造美麗的肌膚。

既然如此，怎麼能因爲害怕紫外線而躲在家裡呢？實際上嚐試蠶美容的人，我建議各位也應該到戶外享受運動。

有了正確的紫外線對策之後，應該從事適度

的運動，運動不僅能促進精神上的解放，老實說，對肌膚也是非常重要的。

運動身體會冒汗，而冒汗能使皮膚的機能活潑，對肌膚有很好的影響。當然，對血液循環也很好，更能促進新陳代謝，這顯然是一石二鳥、三鳥。對製造美麗的肌膚而言，能產生相乘的效果。

各位經常做的臉部按摩及敷臉，都是爲了促進皮膚的血液循環。但不正確的按摩，對皮膚也許有不良的影響，與其這樣無意義的努力，不如運動、冒汗，對肌膚來說反而更好。這一點希望大家了解。

運動時，別忘了用防曬劑或粉底，來切斷紫外線。

現代女性害怕肌膚老化，容易依靠化妝品。然而，如果年老的時候保持著美麗的肌膚，但身體已經亂七八糟的話，人生也不會有樂趣。

尤其女性在懷孕、生產時，營養被嬰兒吸取，不特別小心的話，到了更年期以後，腰部容易出毛病。

所以要注意充足的營養和適度的運動，以『攻擊性的美容』美麗的年老下去才好不是嗎。

## 為了了解自己肌膚的狀態要注意自我檢查

你現在對自己的肌膚狀況了解多少呢？每天好幾次坐在鏡子前面看著臉，當然非常了解，如果你這樣回答的話，請稍等一下。那只是爲了化妝，並不是爲了檢查肌膚不是嗎？人眞的是很奇怪的動物，每天看自己的臉甚至到厭倦的程度，但等到發現斑點或黑斑時，卻已經大得令人注目，非得等到出現明顯的變化，才會有所警覺。

應該早點發現而加以保護，但卻沒有發現，因而使事態惡化下去，眞是糟糕。爲了不至於到這種地步，希望各位每天檢查自己的肌膚。

首先我們來想想美麗肌膚的條件。

①皮膚有透明感。

②膚紋整齊。

③血液循環良好、血行好。
④皮膚有彈性、光澤。
⑤皮膚很豐潤。
⑥沒有色素沈澱。

列舉代表性的六項，但並不代表一切。在自我檢查時，這些項目希望加以注意。

接下來介紹詳細自我檢查的方法。

在沒有化妝的情形下，分早晚兩次進行檢查。條件是必須在明亮的照明下，尤其是早上，在自然光下進行最理想。鏡子和臉間隔二十公分。

現在，我們開始檢查吧！

首先，看看臉的全部。

▲肌膚顏色、嘴唇的顏色以及血行好嗎？

▲肌膚有沒有粗糙感？

▲有沒有斑點、靑春痘出現？

接著，慢慢地將眼睛轉移到各部位。

▲眼睛下面有沒有黑黑的？

▲眉毛、睫毛、頭髮等，脫毛有沒有特別明顯？

如何？本來應該很了解自己的肌膚，但仔細一看，意外看出沒有發現的毛病。但也不必害怕，知道自己肌膚的毛病，才能使我們以後保護皮膚時感到快樂。

接著，我們也檢查打扮之後的情形。這個時候，鏡子與臉間隔60公分。這是一般人與人對話時的距離，檢查看看自己的臉給對方的印象。

▲臉色是不是不好看？

▲眼下的黑眼圈是不是很顯著？

▲臉是否浮腫？

▲是不是有疲憊的表情？

▲整個臉的化妝是否均勻？

▲肌膚的透明感、光澤如何？

結果如何？在這些項目中，如果你得到及格分數，可說充分具有美肌美人的資格。相反地，也有人每項檢查都發現異常，因而感到沮喪？如果這樣，光是沮喪是無濟於事的，應該探求爲什麼會這樣，馬上將導因切斷。

以往不斷敘述的皮膚粗糙原因，大概有

①過度的飲酒和抽煙。

②不規律的飲食生活、睡眠不足。

③精神的壓力。

④錯誤的皮膚保養法。

其中，至少有一項會令你擔心才對。如果發現任何一項，千萬不要等到明天，應該今天就加以改正。

# 第三章

# 蠶美容（slik esthetic）變成美肌美人

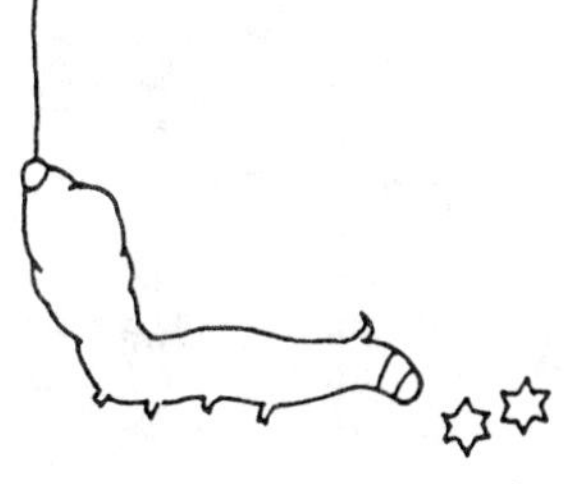

本章刊載體驗過蠶美容者寄給坂梨蠶美容研究所的回信。當然，蠶美容的效果因使用人的肌質而異。這裡所列舉的，只是例子。如果能成為即將做蠶美容者的參考，感到非常榮幸。

這裡先聲明，有一部分的體驗者所用的名字是假名。

編輯部

**因為自己覺得年紀大已經死心，但自從開始使用蠶糞，我的皮膚開始甦醒過來。**

**寶塚市　齋藤淳子　主婦（51歲）**

現在小孩已不再需要我照顧，可以悠閒自在的和先生一起謳歌人生。

不知是幸或不幸，自從結婚以來，我一直是個專職的家庭主婦，幾乎沒有到外面去過。而今加入了這個團體，每天都妝扮好四處走動，非常忙碌，至今才知道快樂是什麼。每天認識各種不同的人，天南地北的閒聊，以此拓展視野。

在所有認識的人之中，同是參加本市合唱團，而後交往親密的昭子女士浮現在我腦海。昭子女士的穿著極其脫俗，是一個非常有氣質的人，感覺年齡比我小很多，但我倆非常投緣。

有一天我在回家的途中，湊巧和昭子女士同搭電車。

我們天南地北的閒聊，好像是已認識十多年的朋友一般的親密。

昭子女士的外表看來非常優雅，很難想像她居然非常的活潑。除了合唱團之外，高爾夫球、運動俱樂部等都有參與。而我長年待在家裡，不懂得世故，一切都受到她的教導。

但更令我吃驚的是，我以爲她比我小，也許小好幾歲，沒想到她居然和我同年。

我雖然沒有說出來，但實在受了很大的打擊。她白皙光亮的肌膚，和鏡中的我相比之下，我簡直是個老太婆。因爲我不習慣化妝，所以無法遮掩黑斑及皺紋。

當然，到了我們這種年齡，出現黑斑、皺紋也沒有什麼，但她卻一點也看不出來。

她告訴了我她的秘密。

「朋友勸我用蠶糞洗臉以及敷臉，已經持續二年了。」

聽到蠶糞，我不住的縮著頭。

這時她說：

「你認爲我是騙妳的嗎？試一次看看，因爲是自然素材，完全沒有副作用。」

她這麼告訴我。

聽說蠶糞所含的天然葉綠素和維他命等自然素材，會增強隨著年齡衰退而遲鈍的新陳代謝功能，滋潤疲勞的肌膚。

並不是被她「認爲被騙」這句話所促使，在不抱任何期待之下，決定開始蠶美容。剛開始時以蠶糞洗面乳來洗臉。

剛開始使用時，發現自然素材的顏色較濃，對肌膚也較溫和，洗完臉後，不會有粗粗澀澀的感覺，使用時感覺非常自然。

而化妝時，也很容易上妝。以往不太喜歡化妝，如今逐漸感到快樂。當然有坂梨老師的建議，我並沒有化濃妝……。

持續使用一年後，不必再爲嘴唇周圍的乾燥肌膚而煩惱，更不必爲腫癢而心煩。

現在，我對自己的肌膚充滿自信，想參加游泳俱樂部，不禁露出得意的微笑。

**因為打高爾夫球日曬的關係而有了雀斑!半信半疑地開始蠶美容,一個月後恢復了美肌。**

**福知山市　相川香織　公務員(27歲)**

我是服務於教育委員會體育局的地方公務員,爲了興趣,也擔任媽媽們的排球教練。先生和我服務於同單位,我們在三年前結婚。

因爲我的個性如男孩般,有事情藏不住,並且喜歡照顧別人,因此,很受那些太太們的歡迎。又有想到就馬上做的性格,因此家事也做得乾淨俐落,家庭方面一切順利。

但大約半年前,有一天早上睡醒,正準備早餐時,我先生看了我的臉說:

「什麼,你那個臉!」

好像很不高興的說著。

爲什麼他會這麼說?我向鏡子一照,黑斑、雀斑幾乎已到非常嚴重的狀態。

本來我的皮膚比較黑,是屬於容易沈澱色素的體質,再加上擔任教練的關係,在外面的時間也比較多。而我和我的先生都很喜歡打高爾夫球,如此一來,日曬機會多,黑斑、雀斑也因此而來。雖然如此，我也不是那時才發現，以前就覺得今年日曬太多；而原本樂天派的我，過了五分鐘，這個擔心也就忘了。

然而我先生說了這句話時，對我是一大打擊，但又不願意放棄教練的工作，也不願意放棄打高爾夫球，爲此非常煩惱。於是買了美容的書籍，致力於飲食療法，並且每天吃很多維他命劑，每天持續的敷臉按摩。

看了我這麼做，我的先生也不說話了，但我看得出來，他的心裡仍然很在意。無論我多麼的努力，肌膚一點也沒有變化，我擔心我的先生會不會就此離我而去。這時，有一天，我擔任教練的排球隊中，有一位排球選手將蠶美容介紹給我，我半信半疑，但決定死馬當活馬醫，用蠶糞試試看。

一個星期、二個星期……還是沒有效果。是不是不行呢？正要死心時，不知是否神經過敏的緣故，黑斑好像比較淡了。

「好極了，萬歲！」

從此以後，我拼命的用蠶糞洗臉，用蠶糞化妝水補充水分。

現在，肌膚已經完全穩定下來，也可盡情的和先生打我們所喜歡的高爾夫球。

# 第三章　蠶美容（slik esthetic）變成美肌美人

洗澡時看見鏡中衰退的肌膚，受到了打擊！但受到蠶美容的幫忙，現在已經安心。

京都市　齋藤孝子
護士（30歲）

有一天剛值完夜班，泡在浴缸中消除疲勞，當看到鏡中的自己時，非常的愕然。才剛剛洗完澡，但臉卻非常乾燥，眼尾部分，好像有烏鴉腳印般的皺紋寄生著。

我是個護士，因工作的關係，被迫過著不規律的生活。因此，我特別注意肌膚的健康，非常小心的照顧著。電視、雜誌所介紹的化妝品，我覺得「有一點貴」，但為了肌膚的健康，所以也買了好幾種。

我面臨三十歲這個大轉變期，心情已經非常沮喪，如今又加上皺紋的打擊，心情更是跌落谷底。當那天開始，我什麼事都不想做，但是——

「這樣不行！」

所以我認眞的考慮，應該去請教專家。剛好服務於美容沙龍，我學生時代的朋友打電話給我，於是相約在下一個休假日見面磋商。

相約的那一天來臨，她看到我的臉，毫不客氣的說：「才一陣子不見，你變得很蒼老，是不是生活不規律？」

在她對我說這嚴厲話時，我還來不及生氣就已經吃了一驚。雖然是學生時代的朋友，但她整整大我五歲，好像姐姐一般。可是在她沒有化妝的臉上，肌膚非常的光潤，並發出光澤……實在給我很的大的打擊。

以前，我的肌膚比她更漂亮，然而因工作的關係，竟然有這麼大的差別，我感到不甘心，就請教她美容法。她是一個行家，在美容方面應該花了不少錢，但爲了解決這個燃眉之急，也顧不得其他。這時，他呵呵的笑：

「當然，對顧客要花很多時間，給她最新的美容，但我本身非常地忙，所以只是簡單利用早上五分鐘，晚上五分鐘。」

早上用蠶糞洗面乳洗臉，再用化妝水結實肌膚，使用乳液調整皮膚，然後擦上面霜，接著化上淡妝而已。

晚上用磨砂膏去除污垢及卸妝，再用化妝水擦拭，接著混合洗面皂和蠶糞洗面乳洗臉，然後用化妝水擦拭整個臉，以補充水分，這樣就可以了。

根據她的話，晚上最後使用的蠶糞化妝水是關鍵。

「由蠶糞中提煉的化妝水，雖然蠶糞形象有點難以接受，但效果卻非常的好。」

雖然蠶糞有點令人難以接受，在眼前她的肌膚證明了效果，所以我開始了蠶糞美容。

使用時感覺非常舒服，原本擔心其味道，但因爲是由蠶糞中提煉的精華，使用時反而感覺有令人心情穩定的自然芳香。

最重要的，其效果非常優異。在使用一段時間後，皮膚粗糙的情況就消失了，變得光潤且具有透明感。令我在意的小皺紋也幾乎看不見了。連醫院的病人都稱讚說：

「你皮膚眞光滑，好像恢復了年輕。」

聽到這樣的話，我打從心裡高興起來，並且也推薦他們：

「像我條件不好的肌膚，使用化妝水後也有優異的效果。」

開始使用這個化妝水以後，我深深的感覺到，無論再怎麼流行的服裝或化妝，如果肌膚不美麗的話，一切都枉然。

我最近都想著，再也不用其他的化妝水了。

## 一開始就業，令我驕傲的皮膚變得粗糙，但因為蠶美容，我現在又光潤起來了。

尼崎市
高松眞紀子
職業婦女(21歲)

我今年春天畢業於專校，開始職業婦女生涯。

學生時代的我，有點自負自己是個美肌美人，因此非常得意。朋友說：

「眞紀子，你的肌膚眞漂亮。」

「有什麼特別的美容法嗎？」

常常有人這樣問我。但實際上我並沒有特別在美容上費神，只是有充足的睡眠，多吃蔬菜而已。

然而，自從開始上班後，情況完全改變。

首先，睡眠的時間大幅度的減少。因爲上班通勤要花將近二小時的時間，所以早上六點就要起床，而晚上因爲不習慣工作以及緊張的關係，所以很不容易入睡。

因爲我是獨生女，在疼愛的環境中長大，所以常爲人際關係煩惱，因此常常胃痛。

大概是睡眠不足以及壓力的緣故，令人羨慕的肌膚，在任職三個月時，變得粗糙起來，水分、油分也消失，而眼尾部分有薄薄如黑斑的東西，我因此受了很大的打擊，連鏡子都不敢照。

每天化妝，都是爲了掩蓋粗糙的皮膚，沒有化妝就無法上班，煩惱越來越嚴重。

在如此煩惱時，有一天，我在公司廁所碰到前輩佐和子小姐。佐和子小姐和我不同課，她有十年以上的工作經驗，人又美，臉上經常保持微笑，並且很照顧後進，因此，我也一直留意著她。

佐和子小姐突然向我招呼說：

「你的肌膚怎麼變得這麼粗糙，是不是有什麼煩惱？」

我不知不覺流下眼淚，把煩惱告訴佐和子小姐。她非常親切的和我交談，並推薦我她本身實行的蠶糞敷臉。

蠶糞敷臉，剛開始聽到很不習慣，很擔心使用後臉上會生瘡，但因當時正求救無門，所以便開始使用。而粗糙的皮膚好了起來，對肌膚的自信也恢復，對工作的自信及慾望也湧上來，不怕失敗，盡情的工作，因而有了滿足感，晚上也能夠熟睡。

# 第三章　蠶美容（slik esthetic）變成美肌美人

## 我為黑斑、腫瘤物以及粗糙的皮膚三重苦惱，而蠶糞拯救了我！

姬路市
西村恭子
主婦（43歲）

到去年以前，我一直擔任國中的保健老師。因爲身體狀況不好，所以辭掉了工作。但並沒有嚴重到需要一直躺在床上的地步，只要在自宅療養即可。我不太在意拼命的工作，但因爲有了兩個孩子，又繼續的工作，比想像中更影響身體。現在回想起來，好像一直被逼著，匆匆忙忙，沒有心情穩定的感覺。

也許是這個反動吧！自從待在家裡後，悠閒的做家事，有時隨心所欲的午睡。有時赴朋友下午茶的邀請。感覺好像回到學生時代一樣，非常高興。

然而這樣的充實感，也只維持數個月而已。過一陣子之後，就覺得非常無聊，不能常常午睡，而朋友的邀請也是每天都有。

大概是心情緊張消失的緣故，在擔任教師時從不曾缺少的肌膚保養，因爲不再需要面對很多人，而年齡也大了，所以不知不覺就停了下來。

在擔任教師時，爲了不使學生看到疲勞、不潔的臉，讓他們感到不愉快，所以對美容方面相當費神。但如今有空閒了，卻完全放棄，眞是諷刺的事。

有一天，在外租屋讀大學的長子回來，仔細看著我的臉說：

「媽媽，你辭掉學校工作後，好像蒼老了很多。」

我受了很大的打擊。之後，仔細看著睽別多年的鏡子。正如兒子所說，出現了生活疲憊老太婆般的臉。才四十多歲，但鏡中卻出現粗糙的肌膚，而且眼尾浮現很大的黑斑。

恐慌的我，趕快到化妝品專賣店，依照店員的推薦，買了高價位的化妝品，開始保養肌膚。

但事態並沒有好轉，反而更嚴重。也許化妝品不適合我的皮膚，原本只有粗糙和黑斑，現在更出現了腫瘤物。正在考慮是不是要看皮膚科時，卻出現「就是這個」，讓我重現生機的事。

當我偶然間看到電視所介紹的蠶糞美容法，聽到其效果後，我覺得這正是拯救我皮膚的救世主。

然後，我以自己難以想像的速度行動。

電視介紹的當天，我就打電話到坂梨蠶美容研究所，預約二日後見面。

那一天，爲了毫不遺漏的記下坂梨老師的說明，特別準備了筆記本。也比預約時間早一小時到研究所的候客室。

向坂梨老師學了有效的美容法之後，當天就開始每天做蠶美容。

蠶糞聽起來實在是令人很難接受的美容素材，但不知何故，我一開始即完全相信它的效果。

正所謂信者得救。我的肌膚不久後就恢復了光潤，腫瘤物都消失不見，皮膚也穩定了下來。在持續使用二個星期後，眼尾令我在意的斑點也變淡，現在只要稍微化淡妝就看不見。

**蠶美容使肌膚回復年輕，精神上也非常活躍，皮膚的毛病也都沒有了。**

**大阪市　中森陽子　主婦（40歲）**

自從不注重健康之後，本來從沒有毛病的肌膚，時常感到粗糙。

我之所以開始蠶美容，是孩子同學的母親建議的。因爲是自然素材，即使沒有效果，大概也無害，所以就以輕鬆的心情接受。

因爲開始時沒有特別的期待，所以沒有期待效果。因爲我認爲用哪一種化妝品都一樣，也沒有每天不間斷的使用。停了一陣子之後，想起來時又從鏡台中取出使用。

在這種情況下，有一天，大概中斷蠶美容一個月後，當我偶然間照鏡子時，不禁大吃一驚。因爲皮膚非常粗糙，好像有一層粉一般。在此之前，皮膚也曾有過異狀，但這麼嚴重還是第一次。

因爲公公生病住院，以及小孩的升學考試，生活變得不規律，且有壓力，在這些原因下，必須趕快想辦法，否則就糟了。於是我拿出放在鏡台中的蠶糞化妝水。記得推銷員介紹，說過對粗糙的皮膚有效，並能防止肌膚老化。所以，我下定決心，由那天起，持續的使用蠶糞化妝水。

這時候，我發現了以往不曾發覺的事情。我擦了之後，肌膚變得光潤，而且非常舒服的感覺。使用時也覺得很溫和清爽，完全不會刺激肌膚。

隔天早晨起床，當我洗臉看著鏡子時，我更是感動。肌膚變得結實，並且富有彈性。當然，我知道不可能一個晚上就恢復成二十多歲的肌膚，但至少我的肌膚已經像脫了層皮般，非常的乾淨。從此以後，我完全變成蠶美容迷。

對於肌膚保養完全不關心的我，自從用蠶糞洗臉，用蠶糞化妝水補充水分，敷臉以後，如果沒有依順序來保養肌膚的話，總覺得一天的工作尚未完成。過了一個月左右，粗糙的皮膚已恢復原狀，也變得光滑。也許是神經過敏的緣故吧，覺得膚色也變白了。我的小孩和先生都很高興，尤其是我的先生，他說：

「你最近年輕了許多。」

他這樣的稱讚我。現在，我非常感謝，也感激蠶美容。

# 第三章　蠶美容（slik esthetic）變成美肌美人

**因為蠶美容，長年煩惱的青春痘消失了，心情也開朗起來。**

大阪府
岡村里美
職業婦女（23歲）

我從學生時代起，因爲內臟虛弱，所以受青春痘、瘡等所煩惱。尤其從脖子根部到下巴之間，實在是很嚴重。畢業後上了班，情況一直沒有好轉，並且不斷惡化。

因爲是內臟疾病所引起，和普通的青春痘不同，所以在數年前，覺得必須使內臟健壯才行，而對於肌膚，可說已達到死心的地步。快要就業前，朋友們個個打扮得花枝招展，而我只能咬著手指羡慕。

因此變得畏縮、內向，覺得不可能有男朋友，可能連找工作都很難……。變成一個非常內向的女子。

當然，在這段期間，我並不是沒有做補救措施。如吃維他命，聽說敷臉很好就拼命敷臉，也到專門治療青春痘的皮膚科求診。

# 第三章　蠶美容（slik esthetic）變成美肌美人

當時症狀稍微好轉，但只要身體一不順暢，又會恢復原來的模樣，無法根治。有一天，姐姐買了朋友推薦的蠶糞洗面乳和蠶糞化妝水回來。

姐姐和我不同，她皮膚上的雀斑是日曬所造成的，肌膚本來就比較漂亮。但自從開始使用蠶糞洗面乳和蠶糞化妝水之後，肌膚越來越艷麗，好像換了一層皮般，雀斑也幾乎消失殆盡。

看了姐姐的情形後，我心裡也無法穩定下來，馬上和姐姐一起做蠶美容。

效果立刻出現。使用不到幾天，自己可感到皮膚已穩定下來，持續使用一週左右，周圍的人告訴我：「你的青春痘減少了。」

這個眞不錯！我的心裡雀躍著，每天不停的洗臉，並反覆的用化妝水按摩。

大概過了三個月以後，臉色也明朗起來，脖子附近瘢痕瘤狀的腫瘤物完全消失，硬梆梆的肌膚也變得柔軟，長年的煩惱如夢一般的消失了。

看了我的情形，親友們說：

「一陣子不見，變得漂亮了。」

更不可思議的是，肌膚變得漂亮後，在精神及肉體上，好像變得更神氣活現。

**哇！媽媽的臉斑點那麼多，眞討厭。因女兒的一句話，我開始使用蠶美容恢復美肌。**

**大阪府　生駒淳子　主婦（31歲）**

我的肌膚本來就很敏感，大概是所謂的過敏性體質，用了稍微策適合皮膚的化妝水，皮粗立刻變得粗糙，並出現濕疹，爲此，我感到很困擾。

這些年來，因爲是家庭主婦，所以幾乎沒有化妝，因此，皮膚的毛病也沒有發生。但大約一年前，我爲濕疹所苦。

原因是我先生換工作，我們需要搬家，環境改變的緣故。以往住在風光明媚的瀨戶內海岸的鄉下小鎮，突然要住在大都市中，精神上及肉體都嚴重的疲勞，而且好像水土不服，每次洗臉時，就隱隱有刺痛感。

但這種情形並沒有改善，正在爲怎麼做而煩惱時，突然受到嚴重的打擊，使我不知如何是好。

那是就讀小學二年級的獨生女，說了一句嚴重的話：

「媽媽，你臉上的斑點會傳染給別人，我不要和你一起洗澡！」

雖然女兒並無惡意，但聽她這麼說，我不禁淚流不止。

我相當的沮喪，本來就不善交際的我，陷入了輕微的神經質狀態，越來越容易躲在屋子裡。

有一天，擔心我的丈夫，因同事太太的介紹，帶我到坂梨美容研究所。

雖然這樣，老實說，我並沒有期待感（已變成這樣，做什麼都是多餘的）。

原本已經死心，但聽完坂梨老師的說明之後，我還是嚐試看看。爲何會有這種心理，我也覺得奇怪。

由那天起，馬上用蠶糞洗臉，並用蠶糞化粧水敷臉。

雖然這麼做，但心裡仍充滿不安。試了一星期左右，濕疹也沒有消失，肌膚的紅腫和以前也沒有兩樣。

然而進入第二個星期左右，出現了戲劇性的效果。不知何時，斑點已經消失，肌膚也濕潤，感覺皮膚也逐漸變白。

過了一個月，到了第二個月，也能化淡妝了。在此之前，幾乎都沒有化妝，而化妝至外面走動時，心裡多少有抗拒感，但被鄰居的太太們稱讚時，心想：

「我也是女性。」

心裡充滿愉悅的心情。

尤其讓我高興的是，女兒從學校回來說：

「同學告訴我，你的媽媽是美人！眞羨慕。」

之後，我完全習慣都會生活。最近，積極的參與學校母姐會活動。和搬家前的朋友打電話聊近況時，我發現在通電話的口氣上，變得精神奕奕。

「咦！你眞是判若兩人，明朗多了。」

聽到這樣的話令我吃驚。

蠶美容不但解除了我肌膚的煩惱，連我的性格都變得開朗起來。

## 我被頑固的青春痘所苦惱，而蠶糞美容法拯救了我。

大阪市
谷本優子
主婦（28歲）

從十幾歲開始，我就爲肌膚的毛病所若惱。我的膚色很白，但有嚴重的青春痘。

每天都不曾間斷的嚐試對青春痘有效的藥用面霜、藥用肥皀，並且到醫院請醫生開藥，從不間斷的服用。但肌質一點也沒有改變，每天都被同學嘲笑，甚至連父母都說：

「你那個臉怎麼嫁得出去。」

因爲如此，我的學生時代正是名符其實的性格陰沈的女子。

幸虧碰到現在的先生，母親的擔心變成杞人憂天。但我對自己的肌膚仍然有自卑感。雖然皮膚相當穩定，但只要稍微疲勞、睡眠不足或吃油膩的東西而不保養皮膚的話，馬上出現青春痘。

結婚時，先生說：

「青春痘只是因爲青春期，結婚生子後，體質一改變，青春痘馬上停止。」

爲此，我覺得很對不起先生。而且參加同學會時：

「優子，你仍然滿臉青春痘。」

我聽到這樣挖苦我充滿青春痘的臉時，羞愧的想要死。因爲如此，所以想打扮上街根本辦不到，只能每天悶在家裡。

此時，拯救的神出現了。初次來玩的母親說：

「有人介紹我對青春痘非常有效的洗面乳，你試試如何？」

並且將蠶糞洗面乳拿給我。

當然，那時我是半信半疑。因爲以前用了很多對青春痘有效的藥用肥皂，而每次都被騙，另一方面，用蠶糞來洗臉也感到不舒服。

但既然是母親的好意，所以就試試看。結果令我吃驚。

大概在持續用了一個月左右，青春痘就不再出現，臉的表面好像脫了一層皮般的光潤，臉的膚色也變白。以往那麼的憂鬱，而今在鏡前卻感到快樂。

化妝時上妝良好與否是不能忽略的，以往因爲青春痘不好上妝，所以不太化妝，但自從用了蠶糞洗臉後，化妝不會脫落，而且有真實感，對於化妝感到喜悅。

# 第四章

# 蠶糞所創出絲綢般的肌膚

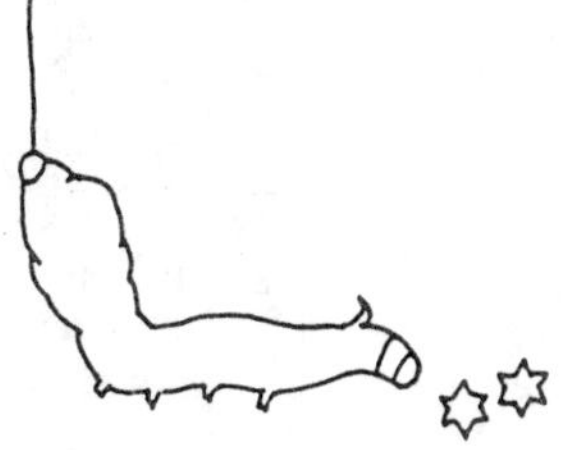

# 洗面劑正確的選擇法

洗面劑的選擇看來簡單，實際上卻很困難。縱然PH值相同，但因製造過程不同，所以對肌膚產生刺激的變化。

以肥皂來說，不透明肥皂和透明肥皂的PH值幾乎相同，但對肌膚的刺激卻不同。

一般來說，將肥皂向著光線看，有透明感的稱爲化妝肥皂，是專門洗臉用的。

但是，不是透明度高的肥皂就是好的。就算問肥皂製造公司的人，也會回答：

「肥皂是去除污垢的東西，老實說，並沒有什麼差異。」

因此，要選擇美容肥皂，並不像選擇合腳的鞋子那樣簡單。

雖然這麼說，因爲難就袖手不管也不行，這也就是希望擁有亮麗肌膚的女人心。那究竟該如何……。

首先先洗手，檢查洗手時的心情看看。

洗完之後，若手感覺緊繃的話，我想用來洗臉也是一樣的。

洗面乳的PH值低，有接近皮膚PH值的優點。但為了防止分離，幾乎都使用界面活性劑。對肌膚敏感的人來說，界面活性劑和化學香料的組合，會給予皮膚不良的影響，使皮膚癢或變紅，必須特別注意。

尤其因腫瘤物所苦惱的你，就算再仔細的洗臉，症狀也無法改善的話，應該放棄使用相同的洗面劑。

若炎症惡化的話，皮膚的表面會凹凸不平，平滑的肌膚將無法恢復。

而『蠶糞洗面劑』是百分之百的天然原料，

所含的成分是自然產生的，有平衡之妙。可說是任何肌膚都能安心使用的粉末肥皀。

因爲是洗面劑，所以在洗臉後要仔細感覺肌膚的狀況，必須用手摸，找出適合自己的東西，這可說是保護肌膚的第一步。

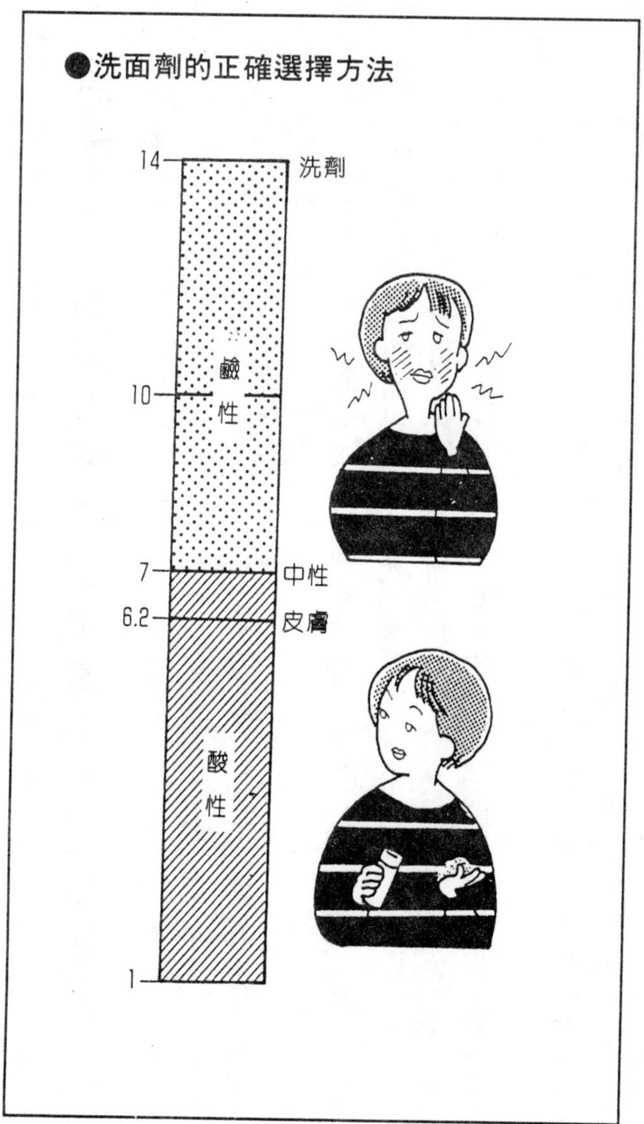
●洗面劑的正確選擇方法
14
洗劑
鹼性
10
7
中性
6.2
皮膚
酸性
1

## 你是否因擦拭過度而使肌膚本來的溼度掉落呢？

「我皮膚變得粗粗的。」當我問這麼說的人之洗臉法時，都是一天用肥皂洗三、四次，並且又用海綿擦拭，很像一般男性的洗法。

的確，洗臉是製造美肌的重要因素，但除了化妝以外，其他的污垢只要用洗面劑以手指抹出泡沫，輕輕的洗即可掉落。可怕的是，洗得太乾淨竟然是弊害。洗臉時，若用力擦拭舊角質的話，將會把肌膚的保溼成分都洗掉，皮膚就會變得粗粗的，甚至變得粗糙。縱然一時間皮膚仍有溼潤感，但長久持續擦拭的話，肌膚的角質層將會變厚。

又洗臉時水不要太燙，會使皮脂掉落，成爲粗糙的原因。應該使用不使肌膚有負擔的溫水最好（開始時以指尖觸摸，不冷不熱的溫度最好。而在肌膚乾燥的冬天時，稍微感到冷的

程度最好）。

早晚兩次，用溫水洗，若肌膚不會感覺粗粗的話，那你的肌膚是正常的。但肌膚的狀況每天都會改變，若洗完臉三十分鐘以後，肌膚仍然感覺緊緊的，那是乾性皮膚，可用少許的蠶糞洗面劑洗，如果仍感覺緊緊的，可與洗面皂混合起泡輕輕的洗。

## 美麗肌膚是以洗臉開始洗臉結束

洗臉後感到清爽只是短暫的時間而已。額頭、鼻頭馬上會有淡淡的脂肪浮出來。尤其是皮脂分泌旺盛的額頭到鼻子的T型帶部分，就算不是油性皮膚的人，仍然會相當在意。就算自認爲洗得非常乾淨，其實並沒有正確的洗臉。

儘管用了效果非常好的化妝品，如果接受它的皮膚不整齊的話，就像是杓子撈水般「徒勞無功」。

所以，首先各位的美容要經常求得完美無缺，這一點要牢記在心。有無過著安定規律的生活，睡眠有沒有充足？有沒有均衡的飲食？有沒有遵守保養皮膚的基本步驟？這些都要完美無缺才行。

尤其是皮膚保養的部分，自己以爲很正確，其實仍有很多的遺漏。

# 第四章　蠶糞所創出絲綢般的肌膚

特別是洗臉方法。因爲每天都要做，一旦會錯意或忽略某些地方就糟了。所以要好好的由基礎學習。

洗臉可說是皮膚保養基礎中的基礎，只要能正確做到的話，對於所有肌膚的毛病均可防犯於未然。因此，先仔細檢查自己的肌質，然後再選擇適合自己的洗臉方法，這是必要的。

關於洗臉方法，需依本人的膚質、當時的身體狀況，以及季節的變化，分別使用不同的洗面劑。針對這點來說，因爲『蠶糞洗面劑』含有葉綠素、天然鈣質、礦物質、酵素等平衡的配方，有任何肌膚均可使用的優點。

不管任何肌膚，洗臉過程基本上是相同的。先用卸妝劑充分的把妝洗掉，然後用蠶糞洗面劑雙重洗臉是最理想的。

首先用磨砂洗臉，把皮膚內部的皮脂推到外面，接著用蠶糞洗面劑洗臉，以此除去皮脂、灰塵、污垢細菌以及舊的角質。依照這個步驟的洗臉方法，可導引你成爲美肌美人。

## 使用蠶糞洗面劑的洗臉法

在這裡介紹用『蠶糞洗面劑』的洗臉方法。

將蠶糞粉末化，是名符其實的洗臉粉，其PH值不斷朝向人體肌膚調整。

因為是盡量接近自然素材的產品，所以對含有香料及色素的洗面劑不能安心的人，我想應該可以安心的使用。

目前洗面劑的主流，是以洗面乳產生很多的泡沫，將污垢以泡沫包洗下來為洗臉方法。而蠶糞洗面劑和這些去除污垢的基本機能不同。利用平常細的粉粒，去除舊角質以及毛孔中污垢，並具有促進血液循環，使肌膚具有自然的新陳代謝活性化功能。

又成分中含有高單位的天然鈣質，能夠使皮膚柔軟，並產生光潤的效果。主成分中的天然葉綠素，已被證實有強力殺菌效果。因此，只要持續以正確的洗臉法洗臉，會使受傷的肌

膚恢復溼潤，避免皮膚下垂。

紫外線是肌膚的大敵，會引起黑斑及小縐紋，不容易擁有健康的肌膚。

但以蠶糞這種自然素材所製成的洗面劑，不論是年輕人或老年人，不論任何膚質都適用，這也是它的特點。

## 用「蠶糞洗面劑」的洗臉方法

①事先用溫水（與皮膚差不多相同的溫度）輕輕的洗臉。

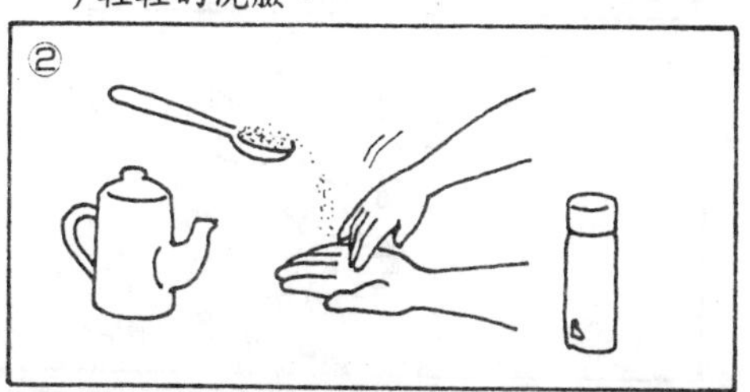

②將洗面劑取一匙（差不多1.5小匙）的分量，用溫水稍微調一點。

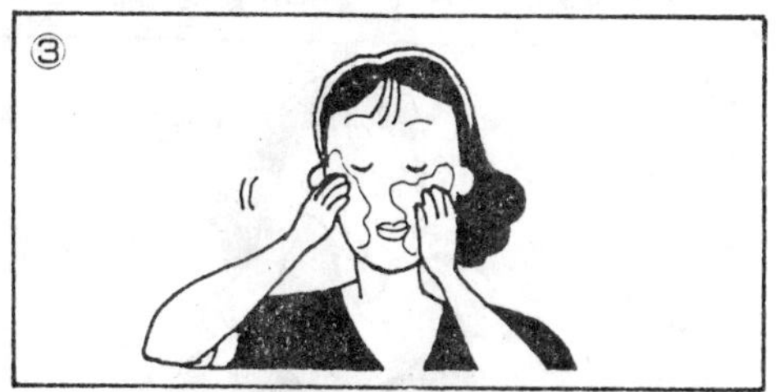

③用洗面劑擦拭整個臉，並輕輕的用手來做全部按摩（在心中默念，今天這麼做，希望獲得美麗的肌膚）。

④念完以後，以撫摸全臉般的按摩。

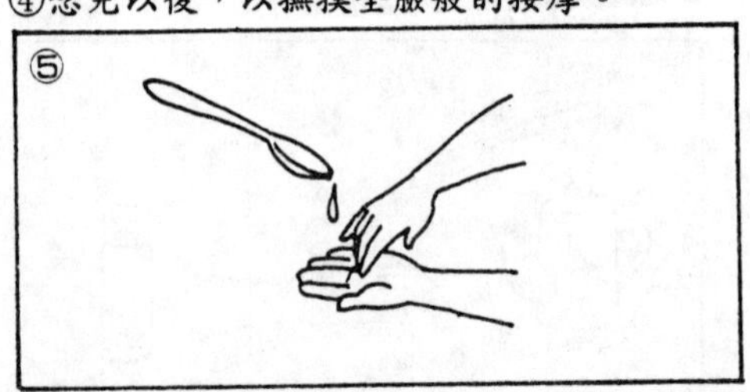

⑤接著，將殘留在手上的洗劑，再次以溫水（差不多1.5小匙）攪拌，盡量使它起泡再將臉洗一次（幾乎不會起泡）。

⑥充分的使用溫水將整個臉洗淨，再以柔軟的毛巾，用壓的方式吸乾水分。

## 不製造黑斑皺紋的上好洗臉要領

錯誤的洗臉方法，會成爲黑斑及皺紋的原因。所以要善加照顧皮膚。在這裡介紹了三項洗臉的重點。

### ①洗面劑要配合肌膚的條件和骯髒程度！

皮脂的分泌多時，肌膚就容易油膩，污垢也容易沾附，必須仔細清洗。相反地，肌膚粗糙，新陳代謝有停滯的趨勢，但污垢也不少時，要溫和的清洗。

### ②用指腹柔軟仔細的洗！

不管多麼油膩的肌膚，也不可能一下就洗得很乾淨。只要花時間仔細的洗，污垢就能洗掉。如果這樣仍不放心的話，就再洗第二次。不要想短時間就能馬上洗淨。

## ③清潔要徹底！

如果有肥皂殘留的話，即使是很有效的蠶糞洗面劑也會使肌膚粗糙，並成爲皺紋的原因。尤其是額頭、太陽穴及下巴的尖端部分，是要特別注意的地帶。

## 精通正確的洗臉方法，是擁有亮麗肌膚的基本技術

想擁有亮麗肌膚的話，由洗臉到化妝，一切都要花時間仔細的做！這個鐵則要銘記在心。也許非常囉嗦，但在此仍要再次複習正確的洗臉方法。

### ・完美無缺的洗臉程序

洗臉前一定要先洗手。看來很乾淨的手，其實非常的髒。要去除刺激皮膚的有害物質，這是非常必要的過程。然後由髮際邊開始到下巴仔細的洗。別忘了，頭髮用髮帶束起來。

**①別忘了用清水洗**

先用溫水洗。因爲水能夠洗掉污垢，不要用手不斷擦拭，應用水撲臉，好像要包住臉一般的洗。

●正確的洗臉方法

**②將洗面劑充分溶解**

不可以把洗面劑直接擦臉上。應該先放在手掌上，和水一起溶解再使用。洗面劑的成分是要去除污垢，所以要洗半透明爲止。

**③溫柔再溫柔的洗**

利用不包括拇指和小指的三隻指頭的指腹，如②的方式輕輕的包住，再溫柔的畫著臉，毫不遺漏的洗各角落。

這並不是按摩，所以手指不必用力。額、鼻、下巴等T字帶，需要特別仔細的洗，若有緊緊的感覺時，可以和洗面皂混合使用。

**④要好好的用水洗掉**

可以的話，以蓮蓬頭用溫水噴洗約三十秒，最好在噴洗過後，以溫水和冷水交替拍打給予刺激。如此血液循環會良好，肌膚的溫度會上升，化妝也比較容易上妝。

### ⑤擦拭也要注意

一定要準備乾且清潔的毛巾。如果洗完臉，卻用了不潔的毛巾的話，會成爲青春痘及皮膚粗糙的原因。擦拭時要輕輕的壓，以吸取水分。

## 完整的洗臉程序

①別忘了先用溫水洗。

④用蓮蓬頭噴洗。

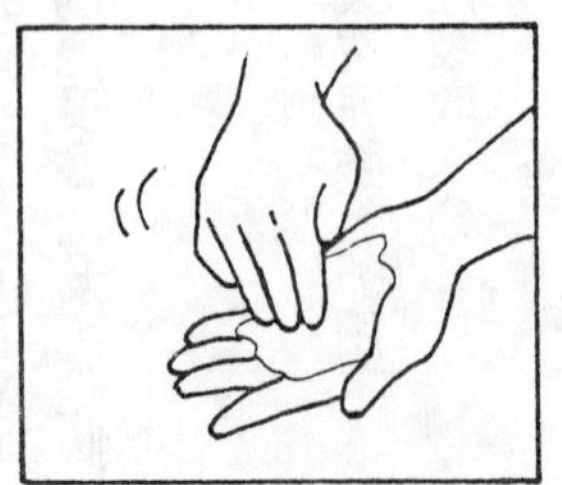

②洗面劑先用水溶解。

⑤擦拭時也要注意。

③溫柔再溫柔的洗。

# 膚質經常會變化

購買化妝水時，應該選擇適合自己膚質的化妝水。配合自己的膚質有乾性肌膚用和油性肌膚用的選擇。當然，保護皮膚的方法也因膚質而有不同，但若認為自己的膚質是「這樣」，輕易妄下斷語是非常危險的。

因爲膚質會因季節、環境、年齡而變化。因此，若化妝品專賣店推薦時，只是一味接受是不行的。因爲當時若恰巧身體的狀態與生理前的熱紅重疊的話，肌膚就可能變得油膩。

很多皮膚正常的人，先洗臉之後皮膚會有緊繃的感覺，這是當然的事，但有人卻頑固的自認爲是乾性皮膚。

如果沒有配合當時的膚質選擇化妝水的話，是有百害而無一利的。不僅如此，由美容學的觀點來看，若油性肌膚的人用了乾性肌膚的化妝水還不必太擔心，但情形相反的話，就會有嚴重的後果。這是經由統計發現的，必須特別注意。

再者，吃了過多油膩的食物時，皮脂的分泌會增加，肌膚也會被種種的條件所左右。雖然這麼說，但明明知道肌膚因膚質的改變，每天所使用的化妝水也要隨之改變，可是卻又覺得麻煩。

因此，選擇適合任何膚質的化妝水是最好的。而選擇『蠶化妝水』是最佳的選擇。無論什麼樣的膚質，無論任何季節，其中的天然素材所含有效成分，會使你接近普通膚質。因此，我很有自信的推薦這種適合任何肌膚的最佳化妝水。

## 使用蠶化妝水補充肌膚的水分

依照正確的洗臉過程，在洗完臉感到舒暢之後，接著用『蠶化妝水』給予肌膚充分的水分。

『蠶化妝水』中含有由蠶糞抽取的天然葉綠素（Hlorophyll）、鈣質、酵素、維他命等高單位配方。因此，能夠防止紫外線所引起的黑斑、雀斑，並能調整肌紋，給予皮膚光潤。不只能夠消除乾性皮膚的粗糙，更能壓抑油性皮膚者的皮脂，因此，是不管什麼樣的肌膚狀態，都可安心使用的化妝水。充分的使用是要領。

### ●『蠶化妝水』的使用法

我想一般利用化妝水美容時，大多是使用化妝棉。但在使用『蠶化妝水』時，則不使用化妝棉。只要將化妝水直接倒在手上，再以指尖拍打。

因爲使用化妝棉的話，多少會使用較大的力量，無論是擦拭或拉，都有可能使皮膚受到細微的傷害。

因此，希望各位注意，使用『蠶化妝水』時務必以自己的手來做，不要用化妝棉。

總而言之，要記住對皮膚最不具刺激性的化妝用具，就是自己的手指。

如果你不相信，用手指觸摸皮膚看看。

連肌膚表面細微的凹凸都可察覺到。

以自己的手指親自證實對自己肌膚的感覺之後，應該注意溫柔的保護皮膚，這是無論使高級的化妝棉都無法取代的。

使用手指尖的話，更能自由自在的驅使微妙的技巧。

與其勉強將『蠶化妝水』擦拭在肌膚上，倒不如使用最不刺激肌膚的方法。

如此將化妝水均勻的分佈整個臉，使其和肌膚相親之後，接著拍臉。

爲了使化妝水充分的浸透到肌膚，必須鬆弛肩部的力量，然後兩手手指自然的張開，溫柔的拍臉。輕輕的拍打肌膚，這就是使『蠶化妝水』效果提高的要領。

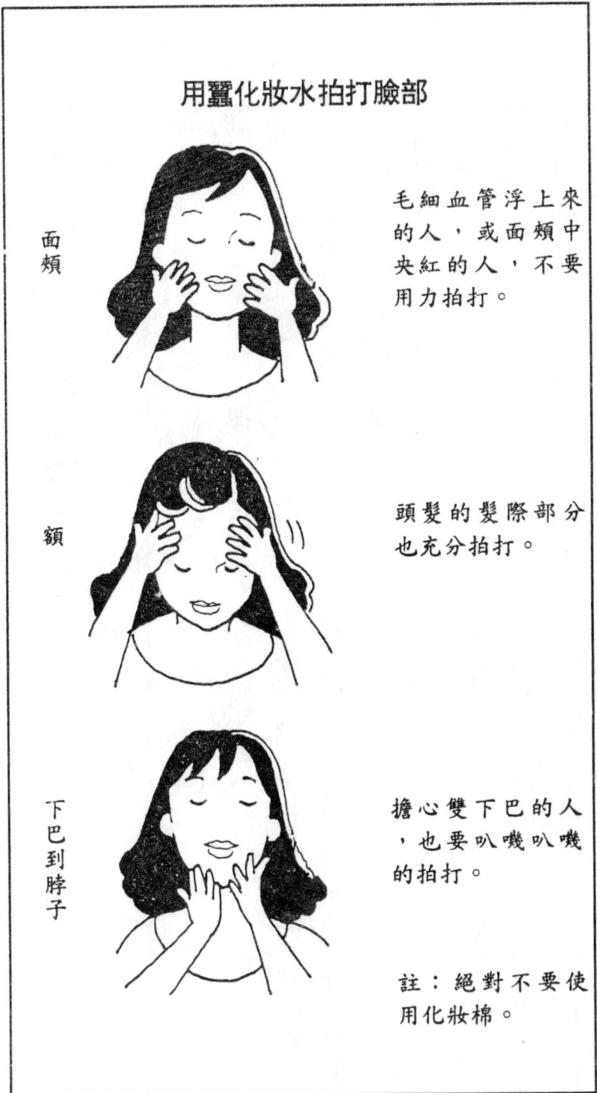
用蠶化妝水拍打臉部
面頰
毛細血管浮上來的人，或面頰中央紅的人，不要用力拍打。
額
頭髮的髮際部分也充分拍打。
下巴到脖子
擔心雙下巴的人，也要叭嘰叭嘰的拍打。
註：絕對不要使用化妝棉。

## 在浴缸中作全身蠶美容

你要不要向稍微奢侈的全身蠶美容挑戰？

①花時間在熱水中慢慢的浸泡，泡在裡面要保持身體的體溫。

②由浴缸出來，用已起泡的沐浴精擦拭全身，然後以毛巾擦掉，以除去身體的污垢。

③將『蠶糞洗面劑』取出六～七小匙，用溫水稍微泡開。先由腳部開始擦拭，並加以按摩。接著以同樣的方式，依序按摩肚子、胸部、脖子。

④最後將粉全部擦掉，再以蓮蓬頭做全身按摩。

利用這個方法，使全身肌膚都能吸收『蠶糞洗面劑』的成分。如此能促進全身的血液循環，並增進新陳代謝，使身體有溫暖的感覺。蠶糞和蓮蓬頭按摩所得到的相乘效果，不僅使肌膚細膩，也使肌膚健康，不容易感冒。無論什麼季節，在休閑活動或工作中，若感到身體

接觸太多紫外線，可以把紫外線的危害壓低至最小的程度。

　可能的話每個月一次，利用鬆弛的沐浴時間試試看。

## 沐浴時間試試看

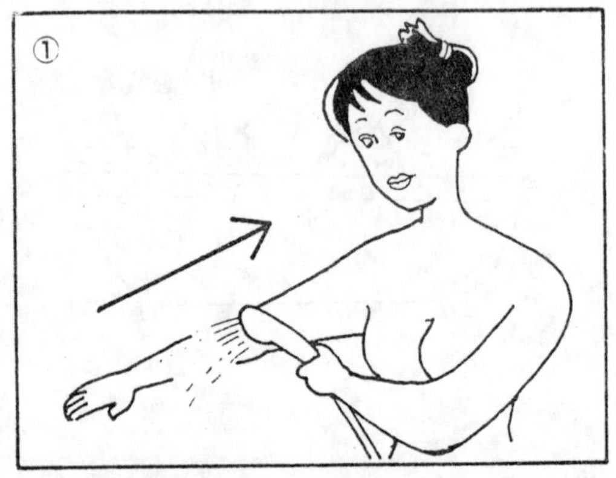


①首先由手的前端向心臟部分慢慢的來回三次（右手先）。

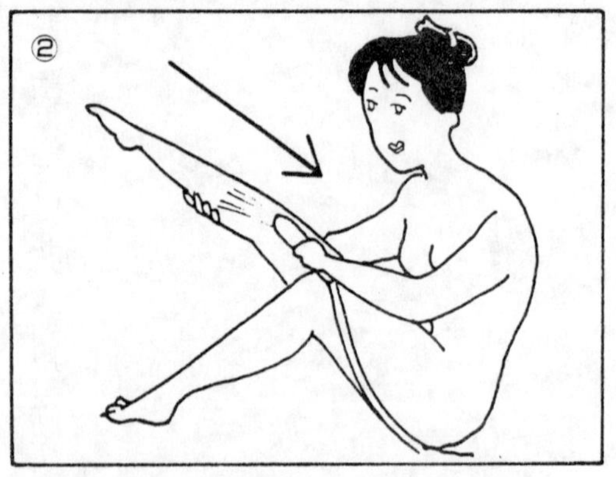


②從腳尖到根部來回3次（由右腳開始）。

## 蓮蓬頭按摩的方法

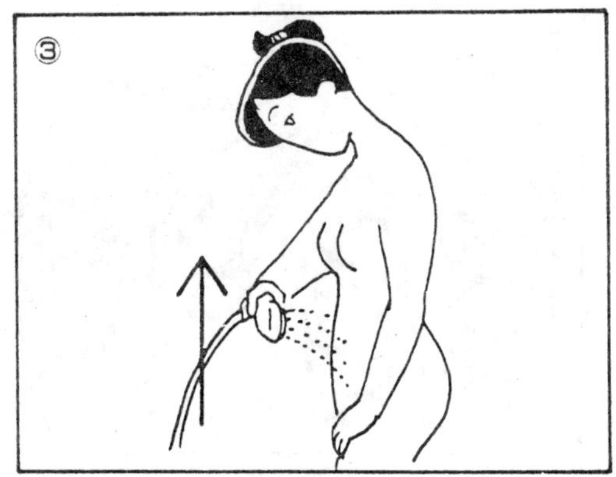

③由肚子向胸部來回3次。

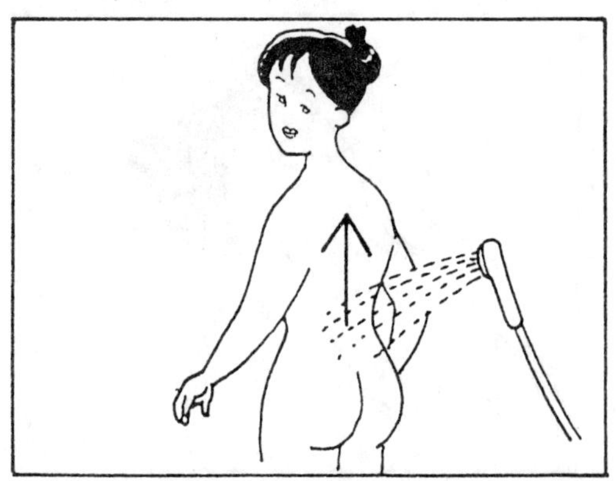

④由臀部到背部，由下而上抬起般的來回3次（固定蓮蓬頭，移動自己的身體）。

## 蓮蓬頭按摩的方法

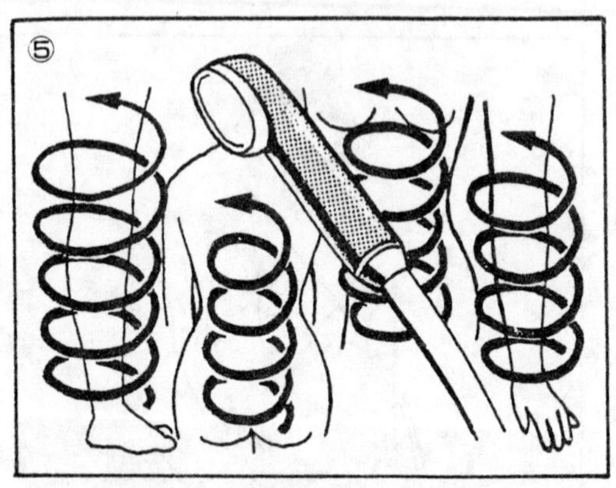


⑤將蓮蓬頭移回到①的步驟，這次不是做同樣的上下移動，來回3次，而是畫圈圈。

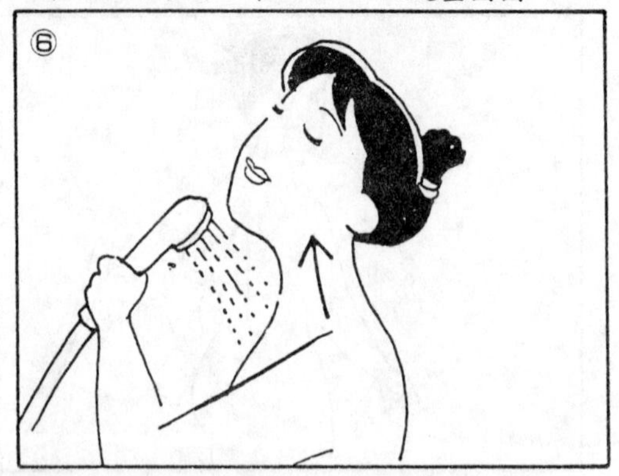


⑥最能反應年齡的脖子，同樣的動作，這裡我們要來回的做5次。

## 蓮蓬頭按摩的的方法

⑦現在身體的血液循環已經良好。最後是臉的部分，用溫水由距離30公分的斜上方噴3分鐘。

註：淋浴的溫度要和皮膚溫度相同或稍微熱一點。噴出的強度由弱開始，慢慢的養成習慣。

## 預防皺紋、去除黑斑的『蠶糞敷臉』

多數的女性都做敷臉，這可說是現在美容界中主流的美容法，然而敷臉並不是萬能的美容法，處理不當也可能有危險性，但是，仍然有很多人毫不在乎的嘗試著。

有一位太太蒼白著臉到我這裡說：

「我因為敷臉，肌膚變得粗糙，怎麼辦呢？」

仔細的聽她訴說後，才知道她每天睡前都用檸檬敷臉。

「檸檬含有很多維他命C，對肌膚有漂白作用！」

老實說，這種一知半解的知識，正可證明美容常識中很多似是而非的觀念。

的確，維他命C本身有漂白還原作用，能促進肌膚的新陳代謝，有防止老化的功能。到此為止，她的知識是正確的。

但是她接下來所採取的行動（檸檬敷臉），一切都是脫離常識的行動。

因爲直接把維他命C塗在皮膚上，皮膚無法吸收維他命C。

容易溶於水的維他命群，除非以食物或錠劑的方式由口中攝取，否則是沒有效果的。

她就誤會了這一點。

我們寧可認爲她會錯意而一笑置之。檸檬的酸性度（PH2），和弱酸性的肌膚（PH5）相比之下非常強。將這樣的東西每天都貼在臉上，肌膚粗糙是當然的事。

當她到我這裡來時，肌膚乾癟癟的，感覺像是在沙漠遇難的遊牧民族一般。

她利用我推薦的『蠶糞敷臉』，終於重新得

回她原有的肌膚。

不僅只有檸檬敷臉是錯誤的敷臉，如大蒜敷臉、蜂蜜敷臉、草莓敷臉、腊敷臉、泥巴敷臉等類型，這些我所能想到的敷臉方式，對肌膚都有百害而無一利的，反而可能是給肌膚不良影響的危險敷臉方式。

那麼，怎麼樣的敷臉比較好呢?首先，無論是何種膚質的人，我自信的推薦『蠶糞敷臉』。將『蠶糞敷臉』劑用水泡開，或混合麵粉、優酪乳等材料也可以使用。

這簡單又有效果，顯然是一箭雙雕，是人人夢寐以求的敷臉。

## 『蠶糞敷臉』的四個效用

以『蠶糞敷臉』劑和麵粉混合試試看如何？

麵包店及蛋糕店的師傅，他們的手都非常白皙，一點黑斑也沒有。這是因為他們平常都揉捏麵粉，而麵粉具有使皮膚變白，預防黑斑、皺紋的功能。這和蠶糞給予養蠶農家的人美肌的效果非常類似。而這兩個合在一起的話，不是1＋1等於2，而是好幾十倍的相乘效果。

不管怎麼說，市售的敷面劑含有種種以化學物質為主原料的添加物，這些物質有可能刺激、傷害皮膚。『蠶糞敷臉』則完全不同，其所含的成分均為天然素材，對肌膚完全沒有傷害。

而『蠶糞敷臉』劑和市售的高價敷臉劑相比，不但毫不遜色，反而具有更優異的效果。

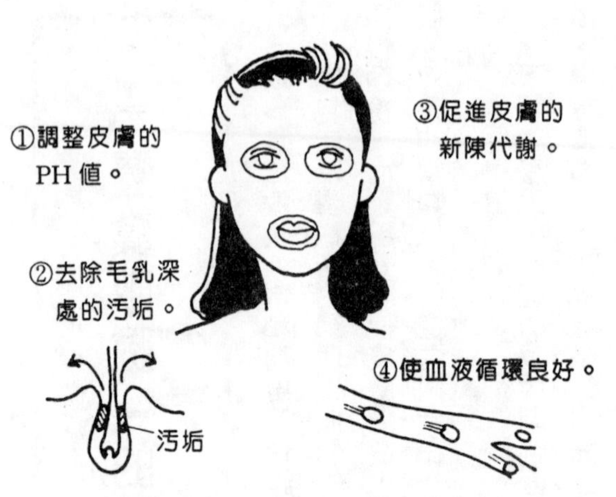


例如，盡量接近人體肌膚的PH值，所以使用時感覺非常柔軟。

又因爲天然葉綠素和鈣質的作用，能促進血液循環，提高新陳代謝，並使肌膚原有的自癒能力增高，使黑斑變淡，亦防止小皺紋發生。再加上『蠶糞敷臉』劑所含的味道，會使心裡穩定，也能促進精神的鬆弛，這個效果不可忽略。

## ●『蠶糞敷臉』的方法

①以蠶粉二小匙和麵粉一大匙混合，加上同量的水或精製水。不要混合於冰箱中！等五～十分。

把冷卻的敷臉劑攪拌成糊狀（注意不要太硬）。這樣敷臉劑就完成了。

用毛刷把它塗在臉上，眉毛、嘴唇、眼睛周圍皮膚較薄，對刺激敏感，應該避免塗抹。

②『蠶糞敷臉』大約需要十分鐘才會乾，在這段期間，和其他的敷臉一樣，臉部的肌肉不要動，這一點要注意。

③用手指摸摸看，確實乾了之後，立刻用溫水洗掉。

④以蓮蓬頭用溫水沖洗完之後，用乾的毛巾擦拭水分，然後用『蠶化妝水』使肌膚穩定。（不使用蓮蓬頭也可以）

註：每週二次，持續兩個月就出現效果。

蠶糞敷臉的方法
一大匙
2小匙
蠶糞
麵粉
蠶糞化妝水
①用刷子將臉全部塗滿。（眉毛、嘴唇、眼睛周圍以外）
②在敷面劑乾燥之前，不要活動臉部的肌肉。
③證實乾了之後，立刻用溫水洗淨。
④充分清洗之後，用毛巾吸拭水分，再擦上蠶糞化妝水。

## ●敏感肌膚的你，試試『優酪乳敷臉』

只要一點的刺激，肌膚就會受到傷害，所以當你選擇化妝品時倍感辛苦。「反正我的皮膚很不好，用什麼化妝品都一樣。」其實你不必這麼悲觀。爲了這樣的人，利用刺激非常少的蠶化妝水，爲你準備最適合的『優酪乳敷臉』。

### ★蠶優酪乳敷臉的作法

在容器內放入二～三匙的優酪乳，再將蠶化妝水如乳液般的滴二、三滴，然後用手指混合，將其敷在臉上。乾了之後，用蓮蓬頭以溫水將臉如按摩般的洗淨（不使用蓮蓬頭也可以）。

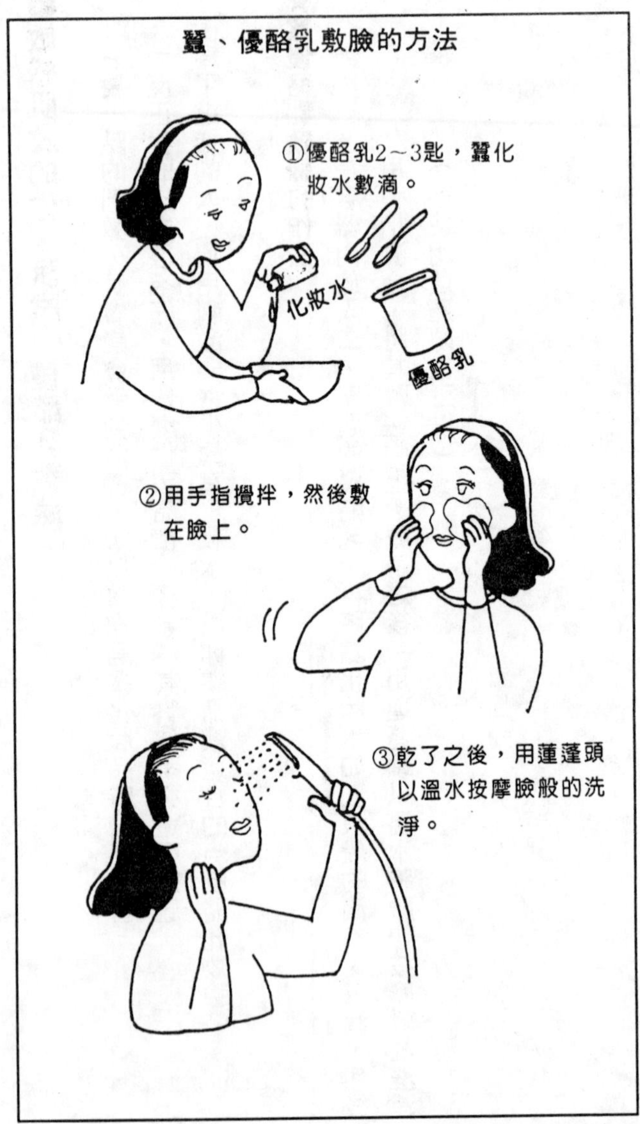
蠶、優酪乳敷臉的方法
①優酪乳2～3匙，蠶化
妝水數滴。
化妝水
優酪乳
②用手指攪拌，然後敷
在臉上。
③乾了之後，用蓮蓬頭
以溫水按摩臉般的洗
淨。

## ●容易冒汗者最適合的『冷濕布蠶敷臉』

容易冒汗是體質的關係，沒有辦法。

「因爲這樣，化妝馬上就脫落，看起來很不雅觀！」對這麼說的人，我眞是深表同情。

在此，我想推薦利用蠶糞來止汗的敷臉法。

### ★冷濕布敷臉的作法

蠶糞及嬰兒痱子粉各三大匙混合，加上同量的水，放入冰箱二～三分鐘。

拿出來攪拌至沙拉般的硬度，如此敷臉劑就作好了。

在想要冷卻的部位，以紗布沾水，由上往下將敷臉劑均勻的塗抹，然後從上面用保鮮膜卷好，等十五分鐘。

時間到時，慢慢把敷臉劑拿掉，用溫水充分洗淨，如此便感到淸爽，並能防止出汗。

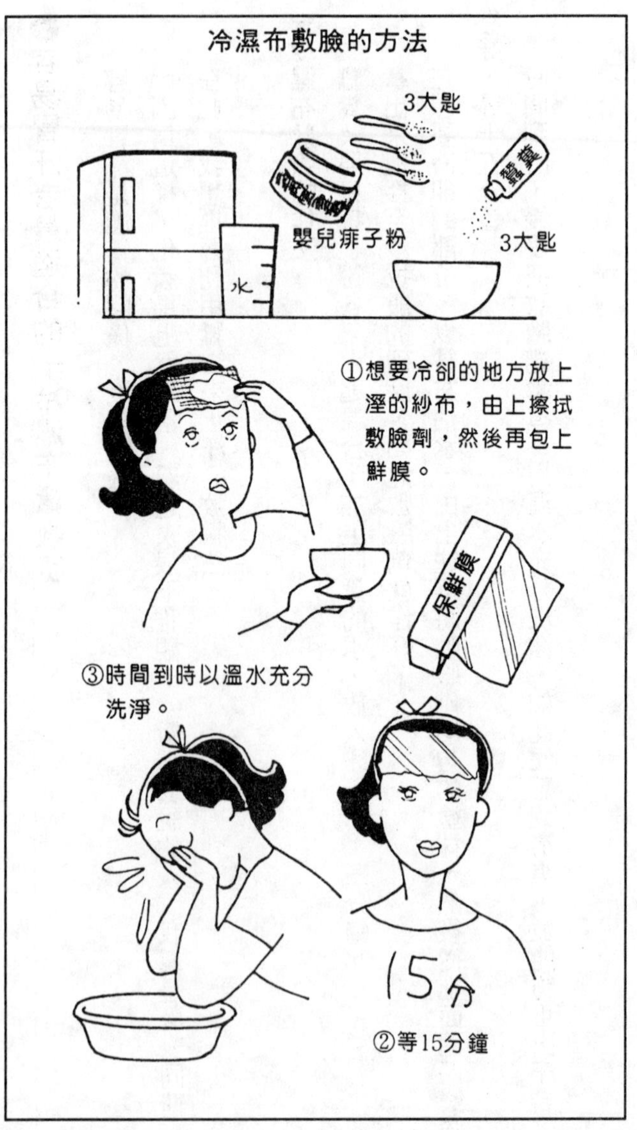
冷濕布敷臉的方法
3大匙
嬰兒痱子粉
水
3大匙
①想要冷卻的地方放上溼的紗布，由上擦拭敷臉劑，然後再包上鮮膜。
保鮮膜
③時間到時以溫水充分洗淨。
15分
②等15分鐘

## 防止嘴唇鬆弛的蠶化妝水

嘴唇對於紫外線比肌膚更敏感，更容易受到傷害。受到傷害的嘴唇顏色較淡，縱皺紋也會增加，嚴重時，部分會變暗。

嘴唇的黑色素集中在和皮膚的交界，如果這裡呈現黑色的話，擦口紅時顏色就不明顯，有模糊的感覺。因此比肌膚更需要防止紫外線。

紫外線強的季節，無論是外出、戶外運動，或從事休閒活動時，不要忘記塗上防曬唇膏。

洗臉時以紗布充分的浸泡『蠶糞化妝水』，並蓋住嘴唇2~3分鐘使其溼潤，這是值得推薦的方法。

別忘了嘴唇要經常保溼。尤其夏天在冷氣房，或冬天在暖氣房中，因空氣乾燥，將奪去

嘴唇的保溼成分。

所以，如果覺得嘴唇乾燥的話，不只在洗臉時做，此時也要將紗布用蠶糞化妝水浸溼貼於唇上，以補充水分。別忘了，嘴唇比皮膚更要注意紫外線的傷害，必須妥善保養。

# 第五章

# 蠶美容和芳香療法

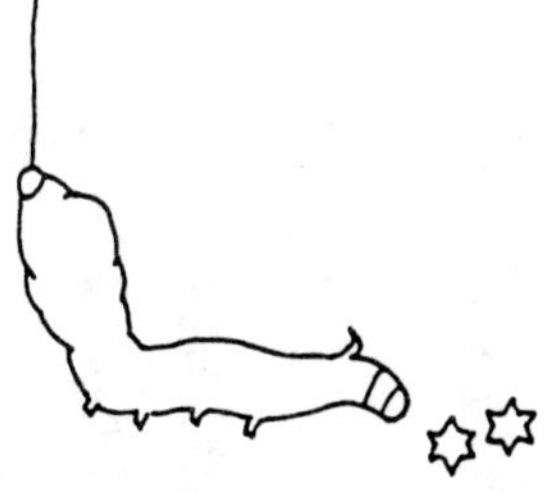

## 用蠶糞來試試芳香療法（aroma Therapy）

芳香療法是最近日本常常聽到的一句話。所謂的芳香，即是aroma，而療法是Therapy。簡單地說，令人舒服的芳香，對健康及美容都具有自然療效。

令人舒服的芳香會鬆弛我們的情緒。而且自然產生的芳香，其中更隱藏著種種的效用。不僅對肉體，對於精神的健康以及美容上，芳香都擔任重要的角色。利用蠶糞所醞釀出的神秘芳香，可解除壓力，使你成爲一個打從心裡美麗的女人。

古代的人也活用過自然的芳香，芳香療法是人類的一大遺產。

古代人大概不知道芳香療法給予人的影響。和自然共存而活下來的古代人，經磨練過的敏銳感覺，以及生活的智慧及經驗，把極其自然的芳香視爲生活的一部分在利用著。

顯然地，芳香療法和蠶，同樣是在長久的歷史當中所建立的偉大遺產。

芳香療法可追溯至幾千年前，在二十世紀即將結束的時候，爲什麼能風光的配合現代的需求而復活呢？

要解開這個謎的關鍵在於，芳香療法的原料是自然素材的因素。對現代科學萬能主義的時候而言，將眼光著眼於自然環境可說是一大反擊。

總而言之，將芳香活用於自己的生活之中，並積極的鬆弛。這樣將芳香的環境表現於美容之中，就是蠶美容和芳香療法的動機。

芳香的效能和作用已經確立，包含了刺激、鎮靜、鼓舞、幸福感、調整、睡眠等，芳香給予人心的影響已經被認同。

例如，要提高集中力，從事創造性工作的場所，可放置薄荷香味的芳香劑。我也聽說在鄉下

的警察局，放置了紓解緊張感，並對焦慮有鎮定作用的薰衣草芳香劑。

我也作了種種芳香劑的嚐試，的確很不錯，但總覺得太人工化了。因此尚未達到以芳香治療的地步。

因爲這個緣故，有一段時期我對芳香療法失去了興趣。一直到接觸蠶美容，爲了使其商品化而實際運用於自己的研究所時，又再度湧現出興趣。

使我再度對芳香法感興趣，是使用蠶糞敷臉的時候，我本身精神狀態的反應。有一天，當我爲客人敷臉時，我感覺到難以形容的溫暖及安心感。

## 用蠶美容鬆弛精神

所謂的美容，並不是使用各種化妝品及用具使人變得美麗而已，更重要的是積極的鬆弛精神，並過著優雅的生活，使美容更進步。

在緊張的生活中，試著有意識的脫離，過著有充裕時間的生活看看。如此能使美容效果飛躍性的提高。

說到鬆弛，使我想起了一個人。

就是到我研究所來的y女士。

y女士的年齡已超過了七十歲，但她非常擅於打扮。她經常穿著非常合身且昂貴的針織品，每次我們都猜測她會穿著什麼衣服到研究所來，並且迫不及待的等待她的來臨。

以y女士的年齡來說，似乎在家裡還需要做許多家事的樣子，時常抱怨睡眠時間不夠。

我的研究所也注意到這樣的情形，因此播放著聽來相當舒服的音樂，使耳朵聽了能夠安定下來。

在這樣的氣氛中，除非是精神非常的焦慮，否則大多數的人過了十五分鐘以後，就能進入淺睡狀態。

那一天，y女士也很舒服的進入淺睡狀態。眼睛上正敷著蠶糞。

在適度的溫度中，皮膚完全鬆弛，因此發出了輕輕的鼾聲。

此時，偏偏響起了電話聲。

播放著柔和音樂的研究所，突然被電話聲打破了寧靜。此時，y女士突然起來，說：

「老頭，你出去！」

可能是她的先生。

後來詢問她，原來她誤以爲在自己家裡，因此無意識的發出這句話。

y女士一時無法恢復，呆若木雞，但立刻回復神智，紅著臉說：「啊！不好意思。」

後來和她聊天之後，才知道以蠶糞敷眼時所飄出來的味道，好像是被陽光照射的乾草一般，因此不知不覺安下心來朦朧入睡。

然而這突來的電話破壞了安穩，但睡醒之後，那種舒服的感覺仍持續保持著。並不是發生這樣的事情才提出芳香療法。蠶糞這自然的禮物，不僅在美容方面有療效，更可創造心裡的平穩，成爲芳香療法的素材。

# 芳香所引導的安心世界

人體的構造非常微妙，尤其在嗅覺方面，更能體會它的奧妙。人是神造出來的最佳傑作，由此更能使我們體會出來。

人總是喜歡對自己健康有益的芳香，不喜歡對自己不利的味道。請教過有關這方面的專門醫生之後發現，原來鼻子裡面有不隨意肌，而這個不隨意肌和心臟一樣，都是不能依照自己意思活動的肌肉。

在鼻子深處的不隨意肌，會歡迎對自己有益的芳香，趕出不利的味道，由此可知人體的神秘。也就是說，蠶糞的醞釀出來暖和如牧歌般的芳香，受到不隨意肌的歡迎。

人以本來所具備的潛能所引出的芳香療法，將其巧妙的應用於生活上，希望能實現心裡的豐裕。

# 肌膚是反映身心健康的鏡子

自從研究「蠶美容」之後，重新認識人皮膚的敏感。我長年從事於美容工作，自認為精通化妝法和美顏術，對於肌膚表面的修整，以表現美麗的方法，自己也具備充分的信心。

然而，自從接觸「蠶美容」之後，只是肌膚表面的保養已經感到不夠，因此想創造擁有健康肌膚的肉體機能，這是非常重要的。

人的肌膚非常複雜，而纖細、敏感的臉部肌膚更是非常老實的，因此，經過研究的累積，令我認識得更深，我重新體會到，肌膚能反映身心狀況，是能映出事實的鏡子。

因此，要開始蠶美容之前，我反覆說過好幾次，要注意觀察肌膚呈現紅色的地方、眼睛的樣子、舌頭的情況等。如此一來，便能推測現在心裡的狀況、內臟的狀況，這些自己就能做。你看內科醫師在問診前一定先看眼睛，理由就在這裡。

反過來說，觀察臉部就能知道內臟和心裡的狀態，這正表示臉部集中著非常敏感的神經。

各種神經像網一樣的附著於臉及頭部，而這些並不是單獨的，是具備微妙的關連性，它們接受血液循環以及新陳代謝，並使其發揮機能。

當血液流動時，纖細的血管是非常敏感的。粗的血管不容易馬上就阻塞或斷裂，但纖細的血管若受精神上的壓力或內臟惡化的影響，血液循環容易流通不良。

也就是說，只是調整肌膚表面的美容法是不夠的。可以利用蠶糞中所含有的自然素材，如天然葉綠素、鈣質、酵素、礦物質等的效果，促進血液循環，對肌膚的新陳代謝產生直接的作用。

以『蠶糞美容法』充分保養之後，利用外在

的刺激，如敷臉或蓮蓬頭按摩等，刺激臉部肌肉，如此就完成了。

浸透肌膚的蠶糞精華，隨著肌肉的活性化及柔軟心，更容易被吸收。

爲什麼我這麼執著於蠶美容能促進血液循環及新陳代謝的活性化，那是因爲蠶美容本來的目的是直接作用於肌膚的，並更進一步擴大作用於皮下組織的直接作用，因而將重點放在這裡。

## 想「保持美麗！」持續這種想法就是美容的第一次

利用『蠶糞』的美肌養成講座，各位的感覺如何？一開始聽到蠶糞，很多人直接的反應是敬而遠之。

然而你讀到這裡，對於蠶這種高貴的昆蟲帶給人類種種的功績，我相信對蠶所排泄出來的糞，你也感到可愛才對。

許多美容法及化妝品正如雨後春筍般到處林立，出現又消失。在無所適從的狀況下，非常執著於自然素材的我，突然出現了一個動機，那就是『蠶糞』。

因爲我時常致力於美容的緣故，我想，這是神賜予我的禮物。

「事實上對女性來說，經常追求比現在更美麗的心態，可能是最好的美容素材？」最近我突然這樣想。

想讓自己最愛的人看到自己最美麗的樣子，對女性而言，不管年紀多大，都會有這種情形出現。

相反地，一個對美沒有興趣的人，說得刻薄一點，也許不要當女性比較好。

然而遺憾的是，看看我周圍的人，當結婚生子之後，開始養育子女時，很多人突然開始忽視妝扮，認爲此時是人母而不是女性。

當我們爲人母之前，我們是女人，因此，必須具備追求比現在更美麗的心態才行。

追求美是女性的工作。好像寫完本書後不得不這樣說。

說出各種大話是因爲我們同是女人，希望各位能變得更美麗，認眞的想幫各位的忙，所以才拼命的向各位介紹。

然而要變得美麗是爲了你自己，當然，你的情人、先生、兒女也會爲你高興才對。

最後提醒各位，追求美麗的心情不可因年紀大而放棄。

想要變得美麗的欲望和努力，就是引導你成爲美肌美人的原動力。

# 後序

自從尋找美容原料開始，一直到發現『蠶糞美容法』爲止，受到許多的支援。

首先收集蠶糞時，受到京都府蠶業中心，以及京都府綾部市養蠶專家的幫忙。爲了不讓糞發霉，所以用陽光來乾燥，好不容易才爲我收集了蠶糞。

當初拜訪綾部市時，受到非常熱情的接待，所以才有今日的蠶美容。

提到蠶美容的催生，本蠶美容研究所所在的大廈，是由阪神若瑞爾富斯（股）的董事長和田達也先生所提供，他也是斯貝斯克利期賽馬的馬主，在此表示感謝之意。

和田董事長說：「蠶糞是葉綠素的化身，以此飼育的話，馬的毛會光潤發亮，變得很好。」

馬非常天真、樸素，維持牠們精神上的安定和均衡的飲食生活，就是培養名馬的秘訣。這點女性也是適用的。

至於研究所的許多會員，我也得到他們許多協助及支援。今後目標向著「絲綢之肌」和我一起來培養「蠶美容」吧！

要將其商品化時，也請清榮藥品公司幫忙，在寧靜自然的環境之下完成自然派的化妝品。

全國養蠶農業協同組合連合會、絹事業部的渡部正二先生，教導我絲綢的特性，以及其優美之處。聽說他連內衣都是絲綢的料子。

最後，在這裡向京都工藝纖維大學纖維學系副教授一田昌利先生，以及他的學生井阪同學對於協助蠶糞的研究表示謝意。

因爲リヨン公司主編下村勝先生的幫忙，所以能出版此書。又承蒙牧保江女士、加藤太佳士先生等許多人的幫忙和協助，才能完成本書。

眞心的感謝各位，在此再度表示謝意。

⊙對於《蠶糞肌膚美顏法》如有疑問，
請洽詢左列地址或電話。

112
日本國東京都文京區大塚
6—37—107—102
『くらしの知惠舍』事業部
電話：(〇三)三九四六—四七五七

| 大展出版社有限公司 | 圖書目錄 |
|---|---|
| 地址：台北市北投區11204<br>致遠一路二段12巷1號<br>郵撥： 0166955～1 | 電話：(02) 8236031<br>8236033<br>傳真：(02) 8272069 |

## ・法律專欄連載・電腦編號 58

台大法學院 法律學系／策劃
法律服務社／編著

| | |
|---|---|
| ①別讓您的權利睡著了1 | 200元 |
| ②別讓您的權利睡著了2 | 200元 |

## ・秘傳占卜系列・電腦編號 14

| | | |
|---|---|---|
| ①手相術 | 淺野八郎著 | 150元 |
| ②人相術 | 淺野八郎著 | 150元 |
| ③西洋占星術 | 淺野八郎著 | 150元 |
| ④中國神奇占卜 | 淺野八郎著 | 150元 |
| ⑤夢判斷 | 淺野八郎著 | 150元 |
| ⑥前世、來世占卜 | 淺野八郎著 | 150元 |
| ⑦法國式血型學 | 淺野八郎著 | 150元 |
| ⑧靈感、符咒學 | 淺野八郎著 | 150元 |

## ・趣味心理講座・電腦編號 15

| | | | |
|---|---|---|---|
| ①性格測驗1 | 探索男與女 | 淺野八郎著 | 140元 |
| ②性格測驗2 | 透視人心奧秘 | 淺野八郎著 | 140元 |
| ③性格測驗3 | 發現陌生的自己 | 淺野八郎著 | 140元 |
| ④性格測驗4 | 發現你的真面目 | 淺野八郎著 | 140元 |
| ⑤性格測驗5 | 讓你們吃驚 | 淺野八郎著 | 140元 |
| ⑥性格測驗6 | 洞穿心理盲點 | 淺野八郎著 | 140元 |
| ⑦性格測驗7 | 探索對方心理 | 淺野八郎著 | 140元 |
| ⑧性格測驗8 | 由吃認識自己 | 淺野八郎著 | 140元 |
| ⑨性格測驗9 | 戀愛知多少 | 淺野八郎著 | 140元 |
| ⑩性格測驗10 | 由裝扮瞭解人心 | 淺野八郎著 | 140元 |
| ⑪性格測驗11 | 敲開內心玄機 | 淺野八郎著 | 140元 |
| ⑫性格測驗12 | 透視你的未來 | 淺野八郎著 | 140元 |
| ⑬血型與你的一生 | | 淺野八郎著 | 140元 |

| | | |
|---|---|---|
| ⑭趣味推理遊戲 | 淺野八郎著 | 140元 |

## ・婦 幼 天 地・電腦編號16

| | | |
|---|---|---|
| ①八萬人減肥成果 | 黃靜香譯 | 150元 |
| ②三分鐘減肥體操 | 楊鴻儒譯 | 130元 |
| ③窈窕淑女美髮秘訣 | 柯素娥譯 | 130元 |
| ④使妳更迷人 | 成　玉譯 | 130元 |
| ⑤女性的更年期 | 官舒妍編譯 | 130元 |
| ⑥胎內育兒法 | 李玉瓊編譯 | 120元 |
| ⑦早產兒袋鼠式護理 | 唐岱蘭譯 | 200元 |
| ⑧初次懷孕與生產 | 婦幼天地編譯組 | 180元 |
| ⑨初次育兒12個月 | 婦幼天地編譯組 | 180元 |
| ⑩斷乳食與幼兒食 | 婦幼天地編譯組 | 180元 |
| ⑪培養幼兒能力與性向 | 婦幼天地編譯組 | 180元 |
| ⑫培養幼兒創造力的玩具與遊戲 | 婦幼天地編譯組 | 180元 |
| ⑬幼兒的症狀與疾病 | 婦幼天地編譯組 | 180元 |
| ⑭腿部苗條健美法 | 婦幼天地編譯組 | 150元 |
| ⑮女性腰痛別忽視 | 婦幼天地編譯組 | 150元 |
| ⑯舒展身心體操術 | 李玉瓊編譯 | 130元 |
| ⑰三分鐘臉部體操 | 趙薇妮著 | 120元 |
| ⑱生動的笑容表情術 | 趙薇妮著 | 120元 |
| ⑲心曠神怡減肥法 | 川津祐介著 | 130元 |
| ⑳內衣使妳更美麗 | 陳玄茹譯 | 130元 |
| ㉑瑜伽美姿美容 | 黃靜香編著 | 150元 |
| ㉒高雅女性裝扮學 | 陳珮玲譯 | 180元 |
| ㉓蠶糞肌膚美顏法 | 坂梨秀子著 | 160元 |
| ㉔認識妳的身體 | 李玉瓊譯 | 160元 |

## ・青 春 天 地・電腦編號17

| | | |
|---|---|---|
| ①A血型與星座 | 柯素娥編譯 | 120元 |
| ②B血型與星座 | 柯素娥編譯 | 120元 |
| ③O血型與星座 | 柯素娥編譯 | 120元 |
| ④AB血型與星座 | 柯素娥編譯 | 120元 |
| ⑤青春期性教室 | 呂貴嵐編譯 | 130元 |
| ⑥事半功倍讀書法 | 王毅希編譯 | 130元 |
| ⑦難解數學破題 | 宋釗宜編譯 | 130元 |
| ⑧速算解題技巧 | 宋釗宜編譯 | 130元 |
| ⑨小論文寫作秘訣 | 林顯茂編譯 | 120元 |
| ⑩視力恢復！超速讀術 | 江錦雲譯 | 130元 |

| | | |
|---|---|---|
| ⑪中學生野外遊戲 | 熊谷康編著 | 120元 |
| ⑫恐怖極短篇 | 柯素娥編譯 | 130元 |
| ⑬恐怖夜話 | 小毛驢編譯 | 130元 |
| ⑭恐怖幽默短篇 | 小毛驢編譯 | 120元 |
| ⑮黑色幽默短篇 | 小毛驢編譯 | 120元 |
| ⑯靈異怪談 | 小毛驢編譯 | 130元 |
| ⑰錯覺遊戲 | 小毛驢編譯 | 130元 |
| ⑱整人遊戲 | 小毛驢編譯 | 120元 |
| ⑲有趣的超常識 | 柯素娥編譯 | 130元 |
| ⑳哦！原來如此 | 林慶旺編譯 | 130元 |
| ㉑趣味競賽100種 | 劉名揚編譯 | 120元 |
| ㉒數學謎題入門 | 宋釗宜編譯 | 150元 |
| ㉓數學謎題解析 | 宋釗宜編譯 | 150元 |
| ㉔透視男女心理 | 林慶旺編譯 | 120元 |
| ㉕少女情懷的自白 | 李桂蘭編譯 | 120元 |
| ㉖由兄弟姊妹看命運 | 李玉瓊編譯 | 130元 |
| ㉗趣味的科學魔術 | 林慶旺編譯 | 150元 |
| ㉘趣味的心理實驗室 | 李燕玲編譯 | 150元 |
| ㉙愛與性心理測驗 | 小毛驢編譯 | 130元 |
| ㉚刑案推理解謎 | 小毛驢編譯 | 130元 |
| ㉛偵探常識推理 | 小毛驢編譯 | 130元 |
| ㉜偵探常識解謎 | 小毛驢編譯 | 130元 |
| ㉝偵探推理遊戲 | 小毛驢編譯 | 130元 |
| ㉞趣味的超魔術 | 廖玉山編著 | 150元 |
| ㉟趣味的珍奇發明 | 柯素娥編著 | 150元 |

## ・健 康 天 地・電腦編號 18

| | | |
|---|---|---|
| ①壓力的預防與治療 | 柯素娥編譯 | 130元 |
| ②超科學氣的魔力 | 柯素娥編譯 | 130元 |
| ③尿療法治病的神奇 | 中尾良一著 | 130元 |
| ④鐵證如山的尿療法奇蹟 | 廖玉山譯 | 120元 |
| ⑤一日斷食健康法 | 葉慈容編譯 | 120元 |
| ⑥胃部強健法 | 陳炳崑譯 | 120元 |
| ⑦癌症早期檢查法 | 廖松濤譯 | 130元 |
| ⑧老人痴呆症防止法 | 柯素娥編譯 | 130元 |
| ⑨松葉汁健康飲料 | 陳麗芬編譯 | 130元 |
| ⑩揉肚臍健康法 | 永井秋夫著 | 150元 |
| ⑪過勞死、猝死的預防 | 卓秀貞編譯 | 130元 |
| ⑫高血壓治療與飲食 | 藤山順豐著 | 150元 |
| ⑬老人看護指南 | 柯素娥編譯 | 150元 |

| | | |
|---|---|---|
| ⑭美容外科淺談 | 楊啟宏著 | 150元 |
| ⑮美容外科新境界 | 楊啟宏著 | 150元 |
| ⑯鹽是天然的醫生 | 西英司郎著 | 140元 |
| ⑰年輕十歲不是夢 | 梁瑞麟譯 | 200元 |
| ⑱茶料理治百病 | 桑野和民著 | 180元 |
| ⑲綠茶治病寶典 | 桑野和民著 | 150元 |
| ⑳杜仲茶養顏減肥法 | 西田博著 | 150元 |
| ㉑蜂膠驚人療效 | 瀨長良三郎著 | 160元 |
| ㉒蜂膠治百病 | 瀨長良三郎著 | 元 |

## •實用女性學講座•電腦編號 19

| | | |
|---|---|---|
| ①解讀女性內心世界 | 島田一男著 | 150元 |
| ②塑造成熟的女性 | 島田一男著 | 150元 |

## •校 園 系 列•電腦編號 20

| | | |
|---|---|---|
| ①讀書集中術 | 多湖輝著 | 150元 |
| ②應考的訣竅 | 多湖輝著 | 150元 |
| ③輕鬆讀書贏得聯考 | 多湖輝著 | 150元 |
| ④讀書記憶秘訣 | 多湖輝著 | 150元 |

## •實用心理學講座•電腦編號 21

| | | |
|---|---|---|
| ①拆穿欺騙伎倆 | 多湖輝著 | 140元 |
| ②創造好構想 | 多湖輝著 | 140元 |
| ③面對面心理術 | 多湖輝著 | 140元 |
| ④偽裝心理術 | 多湖輝著 | 140元 |
| ⑤透視人性弱點 | 多湖輝著 | 140元 |
| ⑥自我表現術 | 多湖輝著 | 150元 |
| ⑦不可思議的人性心理 | 多湖輝著 | 150元 |
| ⑧催眠術入門 | 多湖輝著 | 150元 |
| ⑨責罵部屬的藝術 | 多湖輝著 | 150元 |
| ⑩精神力 | 多湖輝著 | 150元 |
| ⑪厚黑說服術 | 多湖輝著 | 150元 |
| ⑫集中力 | 多湖輝著 | 150元 |

## •超現實心理講座•電腦編號 22

| | | |
|---|---|---|
| ①超意識覺醒法 | 詹蔚芬編譯 | 130元 |
| ②護摩秘法與人生 | 劉名揚編譯 | 130元 |

| | | |
|---|---|---|
| ③秘法！超級仙術入門 | 陸　明譯 | 150元 |
| ④給地球人的訊息 | 柯素娥編著 | 150元 |
| ⑤密教的神通力 | 劉名揚編著 | 130元 |
| ⑥神秘奇妙的世界 | 平川陽一著 | 180元 |

## •養 生 保 健• 電腦編號 23

| | | |
|---|---|---|
| ①醫療養生氣功 | 黃孝寬著 | 250元 |
| ②中國氣功圖譜 | 余功保著 | 230元 |
| ③少林醫療氣功精粹 | 井玉蘭著 | 250元 |
| ④龍形實用氣功 | 吳大才等著 | 220元 |
| ⑤魚戲增視強身氣功 | 宮　嬰著 | 220元 |
| ⑥嚴新氣功 | 前新培金著 | 250元 |
| ⑦道家玄牝氣功 | 張　章著 | 元 |
| ⑧仙家秘傳袪病功 | 李遠國著 | 元 |

## •心 靈 雅 集• 電腦編號 00

| | | |
|---|---|---|
| ①禪言佛語看人生 | 松濤弘道著 | 180元 |
| ②禪密教的奧秘 | 葉逯謙譯 | 120元 |
| ③觀音大法力 | 田口日勝著 | 120元 |
| ④觀音法力的大功德 | 田口日勝著 | 120元 |
| ⑤達摩禪106智慧 | 劉華亭編譯 | 150元 |
| ⑥有趣的佛教研究 | 葉逯謙編譯 | 120元 |
| ⑦夢的開運法 | 蕭京凌譯 | 130元 |
| ⑧禪學智慧 | 柯素娥編譯 | 130元 |
| ⑨女性佛教入門 | 許俐萍譯 | 110元 |
| ⑩佛像小百科 | 心靈雅集編譯組 | 130元 |
| ⑪佛教小百科趣談 | 心靈雅集編譯組 | 120元 |
| ⑫佛教小百科漫談 | 心靈雅集編譯組 | 150元 |
| ⑬佛教知識小百科 | 心靈雅集編譯組 | 150元 |
| ⑭佛學名言智慧 | 松濤弘道著 | 180元 |
| ⑮釋迦名言智慧 | 松濤弘道著 | 180元 |
| ⑯活人禪 | 平田精耕著 | 120元 |
| ⑰坐禪入門 | 柯素娥編譯 | 120元 |
| ⑱現代禪悟 | 柯素娥編譯 | 130元 |
| ⑲道元禪師語錄 | 心靈雅集編譯組 | 130元 |
| ⑳佛學經典指南 | 心靈雅集編譯組 | 130元 |
| ㉑何謂「生」　阿含經 | 心靈雅集編譯組 | 150元 |
| ㉒一切皆空　般若心經 | 心靈雅集編譯組 | 150元 |
| ㉓超越迷惘　法句經 | 心靈雅集編譯組 | 130元 |

| | | |
|---|---|---|
| ㉔開拓宇宙觀　華嚴經 | 心靈雅集編譯組 | 130元 |
| ㉕真實之道　法華經 | 心靈雅集編譯組 | 130元 |
| ㉖自由自在　涅槃經 | 心靈雅集編譯組 | 130元 |
| ㉗沈默的教示　維摩經 | 心靈雅集編譯組 | 150元 |
| ㉘開通心眼　佛語佛戒 | 心靈雅集編譯組 | 130元 |
| ㉙揭秘寶庫　密教經典 | 心靈雅集編譯組 | 130元 |
| ㉚坐禪與養生 | 廖松濤譯 | 110元 |
| ㉛釋尊十戒 | 柯素娥編譯 | 120元 |
| ㉜佛法與神通 | 劉欣如編著 | 120元 |
| ㉝悟（正法眼藏的世界） | 柯素娥編譯 | 120元 |
| ㉞只管打坐 | 劉欣如編譯 | 120元 |
| ㉟喬答摩・佛陀傳 | 劉欣如編著 | 120元 |
| ㊱唐玄奘留學記 | 劉欣如編譯 | 120元 |
| ㊲佛教的人生觀 | 劉欣如編譯 | 110元 |
| ㊳無門關（上卷） | 心靈雅集編譯組 | 150元 |
| ㊴無門關（下卷） | 心靈雅集編譯組 | 150元 |
| ㊵業的思想 | 劉欣如編著 | 130元 |
| ㊶佛法難學嗎 | 劉欣如著 | 140元 |
| ㊷佛法實用嗎 | 劉欣如著 | 140元 |
| ㊸佛法殊勝嗎 | 劉欣如著 | 140元 |
| ㊹因果報應法則 | 李常傳編 | 140元 |
| ㊺佛教醫學的奧秘 | 劉欣如編著 | 150元 |
| ㊻紅塵絕唱 | 海　若著 | 130元 |
| ㊼佛教生活風情 | 洪丕謨、姜玉珍著 | 220元 |
| ㊽行住坐臥有佛法 | 劉欣如著 | 160元 |
| ㊾起心動念是佛法 | 劉欣如著 | 160元 |

## ・經 營 管 理・電腦編號 01

| | | |
|---|---|---|
| ◎創新經營管理六十六大計（精） | 蔡弘文編 | 780元 |
| ①如何獲取生意情報 | 蘇燕謀譯 | 110元 |
| ②經濟常識問答 | 蘇燕謀譯 | 130元 |
| ③股票致富68秘訣 | 簡文祥譯 | 100元 |
| ④台灣商戰風雲錄 | 陳中雄著 | 120元 |
| ⑤推銷大王秘錄 | 原一平著 | 100元 |
| ⑥新創意・賺大錢 | 王家成譯 | 90元 |
| ⑦工廠管理新手法 | 琪　輝著 | 120元 |
| ⑧奇蹟推銷術 | 蘇燕謀譯 | 100元 |
| ⑨經營參謀 | 柯順隆譯 | 120元 |
| ⑩美國實業24小時 | 柯順隆譯 | 80元 |
| ⑪撼動人心的推銷法 | 原一平著 | 120元 |

| | | |
|---|---|---|
| ⑫高竿經營法 | 蔡弘文編 | 120元 |
| ⑬如何掌握顧客 | 柯順隆譯 | 150元 |
| ⑭一等一賺錢策略 | 蔡弘文編 | 120元 |
| ⑯成功經營妙方 | 鐘文訓著 | 120元 |
| ⑰一流的管理 | 蔡弘文編 | 150元 |
| ⑱外國人看中韓經濟 | 劉華亭譯 | 150元 |
| ⑲企業不良幹部群相 | 琪輝編著 | 120元 |
| ⑳突破商場人際學 | 林振輝編著 | 90元 |
| ㉑無中生有術 | 琪輝編著 | 140元 |
| ㉒如何使女人打開錢包 | 林振輝編著 | 100元 |
| ㉓操縱上司術 | 邑井操著 | 90元 |
| ㉔小公司經營策略 | 王嘉誠著 | 100元 |
| ㉕成功的會議技巧 | 鐘文訓編譯 | 100元 |
| ㉖新時代老闆學 | 黃柏松編著 | 100元 |
| ㉗如何創造商場智囊團 | 林振輝編譯 | 150元 |
| ㉘十分鐘推銷術 | 林振輝編譯 | 120元 |
| ㉙五分鐘育才 | 黃柏松編譯 | 100元 |
| ㉚成功商場戰術 | 陸明編譯 | 100元 |
| ㉛商場談話技巧 | 劉華亭編譯 | 120元 |
| ㉜企業帝王學 | 鐘文訓譯 | 90元 |
| ㉝自我經濟學 | 廖松濤編譯 | 100元 |
| ㉞一流的經營 | 陶田生編著 | 120元 |
| ㉟女性職員管理術 | 王昭國編譯 | 120元 |
| ㊱ＩＢＭ的人事管理 | 鐘文訓編譯 | 150元 |
| ㊲現代電腦常識 | 王昭國編譯 | 150元 |
| ㊳電腦管理的危機 | 鐘文訓編譯 | 120元 |
| ㊴如何發揮廣告效果 | 王昭國編譯 | 150元 |
| ㊵最新管理技巧 | 王昭國編譯 | 150元 |
| ㊶一流推銷術 | 廖松濤編譯 | 120元 |
| ㊷包裝與促銷技巧 | 王昭國編譯 | 130元 |
| ㊸企業王國指揮塔 | 松下幸之助著 | 120元 |
| ㊹企業精銳兵團 | 松下幸之助著 | 120元 |
| ㊺企業人事管理 | 松下幸之助著 | 100元 |
| ㊻華僑經商致富術 | 廖松濤編譯 | 130元 |
| ㊼豐田式銷售技巧 | 廖松濤編譯 | 120元 |
| ㊽如何掌握銷售技巧 | 王昭國編著 | 130元 |
| ㊿洞燭機先的經營 | 鐘文訓編譯 | 150元 |
| ㊾新世紀的服務業 | 鐘文訓編譯 | 100元 |
| ㊿成功的領導者 | 廖松濤編譯 | 120元 |
| ㊾女推銷員成功術 | 李玉瓊編譯 | 130元 |
| ㊿ＩＢＭ人才培育術 | 鐘文訓編譯 | 100元 |

| | | |
|---|---|---|
| ㊻企業人自我突破法 | 黃琪輝編著 | 150元 |
| ㊽財富開發術 | 蔡弘文編著 | 130元 |
| ㊾成功的店舖設計 | 鐘文訓編著 | 150元 |
| ㊿企管回春法 | 蔡弘文編著 | 130元 |
| 62小企業經營指南 | 鐘文訓編譯 | 100元 |
| 63商場致勝名言 | 鐘文訓編譯 | 150元 |
| 64迎接商業新時代 | 廖松濤編譯 | 100元 |
| 66新手股票投資入門 | 何朝乾　編 | 180元 |
| 67上揚股與下跌股 | 何朝乾編譯 | 180元 |
| 68股票速成學 | 何朝乾編譯 | 180元 |
| 69理財與股票投資策略 | 黃俊豪編著 | 180元 |
| 70黃金投資策略 | 黃俊豪編著 | 180元 |
| 71厚黑管理學 | 廖松濤編譯 | 180元 |
| 72股市致勝格言 | 呂梅莎編譯 | 180元 |
| 73透視西武集團 | 林谷燁編譯 | 150元 |
| 76巡迴行銷術 | 陳蒼杰譯 | 150元 |
| 77推銷的魔術 | 王嘉誠譯 | 120元 |
| 78 60秒指導部屬 | 周蓮芬編譯 | 150元 |
| 79精銳女推銷員特訓 | 李玉瓊編譯 | 130元 |
| 80企劃、提案、報告圖表的技巧 | 鄭　汶　譯 | 180元 |
| 81海外不動產投資 | 許達守編譯 | 150元 |
| 82八百件的世界策略 | 李玉瓊譯 | 150元 |
| 83服務業品質管理 | 吳宜芬譯 | 180元 |
| 84零庫存銷售 | 黃東謙編譯 | 150元 |
| 85三分鐘推銷管理 | 劉名揚編譯 | 150元 |
| 86推銷大王奮鬥史 | 原一平著 | 150元 |
| 87豐田汽車的生產管理 | 林谷燁編譯 | 150元 |

## •成功寶庫•電腦編號 02

| | | |
|---|---|---|
| ①上班族交際術 | 江森滋著 | 100元 |
| ②拍馬屁訣竅 | 廖玉山編譯 | 110元 |
| ④聽話的藝術 | 歐陽輝編譯 | 110元 |
| ⑨求職轉業成功術 | 陳　義編著 | 110元 |
| ⑩上班族禮儀 | 廖玉山編著 | 120元 |
| ⑪接近心理學 | 李玉瓊編著 | 100元 |
| ⑫創造自信的新人生 | 廖松濤編著 | 120元 |
| ⑭上班族如何出人頭地 | 廖松濤編著 | 100元 |
| ⑮神奇瞬間瞑想法 | 廖松濤編譯 | 100元 |
| ⑯人生成功之鑰 | 楊意苓編著 | 150元 |
| ⑱潛在心理術 | 多湖輝　著 | 100元 |

| | | |
|---|---|---|
| ⑲給企業人的諍言 | 鐘文訓編著 | 120元 |
| ⑳企業家自律訓練法 | 陳　義編譯 | 100元 |
| ㉑上班族妖怪學 | 廖松濤編著 | 100元 |
| ㉒猶太人縱橫世界的奇蹟 | 孟佑政編著 | 110元 |
| ㉓訪問推銷術 | 黃静香編著 | 130元 |
| ㉕你是上班族中強者 | 嚴思圖編著 | 100元 |
| ㉖向失敗挑戰 | 黃静香編著 | 100元 |
| ㉙機智應對術 | 李玉瓊編著 | 130元 |
| ㉚成功頓悟100則 | 蕭京凌編譯 | 130元 |
| ㉛掌握好運100則 | 蕭京凌編譯 | 110元 |
| ㉜知性幽默 | 李玉瓊編譯 | 130元 |
| ㉝熟記對方絕招 | 黃静香編譯 | 100元 |
| ㉞男性成功秘訣 | 陳蒼杰編譯 | 130元 |
| ㊱業務員成功秘方 | 李玉瓊編著 | 120元 |
| ㊲察言觀色的技巧 | 劉華亭編著 | 130元 |
| ㊳一流領導力 | 施義彥編譯 | 120元 |
| ㊴一流說服力 | 李玉瓊編著 | 130元 |
| ㊵30秒鐘推銷術 | 廖松濤編譯 | 120元 |
| ㊶猶太成功商法 | 周蓮芬編譯 | 120元 |
| ㊷尖端時代行銷策略 | 陳蒼杰編著 | 100元 |
| ㊸顧客管理學 | 廖松濤編著 | 100元 |
| ㊹如何使對方說Yes | 程　義編著 | 150元 |
| ㊺如何提高工作效率 | 劉華亭編著 | 150元 |
| ㊼上班族口才學 | 楊鴻儒譯 | 120元 |
| ㊽上班族新鮮人須知 | 程　義編著 | 120元 |
| ㊾如何左右逢源 | 程　義編著 | 130元 |
| ㊿語言的心理戰 | 多湖輝著 | 130元 |
| 51扣人心弦演說術 | 劉名揚編著 | 120元 |
| 53如何增進記憶力、集中力 | 廖松濤譯 | 130元 |
| 55性惡企業管理學 | 陳蒼杰譯 | 130元 |
| 56自我啟發200招 | 楊鴻儒編著 | 150元 |
| 57做個傑出女職員 | 劉名揚編著 | 130元 |
| 58靈活的集團營運術 | 楊鴻儒編著 | 120元 |
| 60個案研究活用法 | 楊鴻儒編著 | 130元 |
| 61企業教育訓練遊戲 | 楊鴻儒編著 | 120元 |
| 62管理者的智慧 | 程　義編譯 | 130元 |
| 63做個佼佼管理者 | 馬筱莉編譯 | 130元 |
| 64智慧型說話技巧 | 沈永嘉編譯 | 130元 |
| 66活用佛學於經營 | 松濤弘道著 | 150元 |
| 67活用禪學於企業 | 柯素娥編譯 | 130元 |
| 68詭辯的智慧 | 沈永嘉編譯 | 130元 |

| | | |
|---|---|---|
| ㊾幽默詭辯術 | 廖玉山編譯 | 130元 |
| ⑳拿破崙智慧箴言 | 柯素娥編譯 | 130元 |
| ㉑自我培育・超越 | 蕭京凌編譯 | 150元 |
| ㉒深層心理術 | 多湖輝著 | 130元 |
| ㉓深層語言術 | 多湖輝著 | 130元 |
| ㉔時間即一切 | 沈永嘉編譯 | 130元 |
| ㉕自我脫胎換骨 | 柯素娥譯 | 150元 |
| ㉖贏在起跑點—人才培育鐵則 | 楊鴻儒編譯 | 150元 |
| ㉗做一枚活棋 | 李玉瓊編譯 | 130元 |
| ㉘面試成功戰略 | 柯素娥編譯 | 130元 |
| ㉙自我介紹與社交禮儀 | 柯素娥編譯 | 150元 |
| ㉚說NO的技巧 | 廖玉山編譯 | 130元 |
| ㉛瞬間攻破心防法 | 廖玉山編譯 | 120元 |
| ㉜改變一生的名言 | 李玉瓊編譯 | 130元 |
| ㉝性格性向創前程 | 楊鴻儒編譯 | 130元 |
| ㉞訪問行銷新竅門 | 廖玉山編譯 | 150元 |
| ㉟無所不達的推銷話術 | 李玉瓊編譯 | 150元 |

## ・處世智慧・電腦編號03

| | | |
|---|---|---|
| ①如何改變你自己 | 陸明編譯 | 120元 |
| ②人性心理陷阱 | 多湖輝著 | 90元 |
| ④幽默說話術 | 林振輝編譯 | 120元 |
| ⑤讀書36計 | 黃柏松編譯 | 120元 |
| ⑥靈感成功術 | 譚繼山編譯 | 80元 |
| ⑧扭轉一生的五分鐘 | 黃柏松編譯 | 100元 |
| ⑨知人、知面、知其心 | 林振輝譯 | 110元 |
| ⑩現代人的詭計 | 林振輝譯 | 100元 |
| ⑫如何利用你的時間 | 蘇遠謀譯 | 80元 |
| ⑬口才必勝術 | 黃柏松編譯 | 120元 |
| ⑭女性的智慧 | 譚繼山編譯 | 90元 |
| ⑮如何突破孤獨 | 張文志編譯 | 80元 |
| ⑯人生的體驗 | 陸明編譯 | 80元 |
| ⑰微笑社交術 | 張芳明譯 | 90元 |
| ⑱幽默吹牛術 | 金子登著 | 90元 |
| ⑲攻心說服術 | 多湖輝著 | 100元 |
| ⑳當機立斷 | 陸明編譯 | 70元 |
| ㉑勝利者的戰略 | 宋恩臨編譯 | 80元 |
| ㉒如何交朋友 | 安紀芳編著 | 70元 |
| ㉓鬥智奇謀（諸葛孔明兵法） | 陳炳崑著 | 70元 |
| ㉔慧心良言 | 亦　奇著 | 80元 |

|  |  |  |
|---|---|---|
| ㉕名家慧語 | 蔡逸鴻主編 | 90元 |
| ㉗稱霸者啟示金言 | 黃柏松編譯 | 90元 |
| ㉘如何發揮你的潛能 | 陸明編譯 | 90元 |
| ㉙女人身態語言學 | 李常傳譯 | 130元 |
| ㉚摸透女人心 | 張文志譯 | 90元 |
| ㉛現代戀愛秘訣 | 王家成譯 | 70元 |
| ㉜給女人的悄悄話 | 妮倩編譯 | 90元 |
| ㉞如何開拓快樂人生 | 陸明編譯 | 90元 |
| ㉟驚人時間活用法 | 鐘文訓譯 | 80元 |
| ㊱成功的捷徑 | 鐘文訓譯 | 70元 |
| ㊲幽默逗笑術 | 林振輝著 | 120元 |
| ㊳活用血型讀書法 | 陳炳崑譯 | 80元 |
| ㊴心　燈 | 葉于模著 | 100元 |
| ㊵當心受騙 | 林顯茂譯 | 90元 |
| ㊶心・體・命運 | 蘇燕謀譯 | 70元 |
| ㊷如何使頭腦更敏銳 | 陸明編譯 | 70元 |
| ㊸宮本武藏五輪書金言錄 | 宮本武藏著 | 100元 |
| ㊺勇者的智慧 | 黃柏松編譯 | 80元 |
| ㊼成熟的愛 | 林振輝譯 | 120元 |
| ㊽現代女性駕馭術 | 蔡德華著 | 90元 |
| ㊾禁忌遊戲 | 酒井潔著 | 90元 |
| ㊾摸透男人心 | 劉華亭編譯 | 80元 |
| ㊿如何達成願望 | 謝世輝著 | 90元 |
| 54創造奇蹟的「想念法」 | 謝世輝著 | 90元 |
| 55創造成功奇蹟 | 謝世輝著 | 90元 |
| 56男女幽默趣典 | 劉華亭譯 | 90元 |
| 57幻想與成功 | 廖松濤譯 | 80元 |
| 58反派角色的啟示 | 廖松濤編譯 | 70元 |
| 59現代女性須知 | 劉華亭編著 | 75元 |
| 61機智說話術 | 劉華亭編譯 | 100元 |
| 62如何突破內向 | 姜倩怡編譯 | 110元 |
| 64讀心術入門 | 王家成編譯 | 100元 |
| 65如何解除內心壓力 | 林美羽編著 | 110元 |
| 66取信於人的技巧 | 多湖輝著 | 110元 |
| 67如何培養堅強的自我 | 林美羽編著 | 90元 |
| 68自我能力的開拓 | 卓一凡編著 | 110元 |
| 70縱橫交涉術 | 嚴思圖編著 | 90元 |
| 71如何培養妳的魅力 | 劉文珊編著 | 90元 |
| 72魅力的力量 | 姜倩怡編著 | 90元 |
| 73金錢心理學 | 多湖輝著 | 100元 |
| 74語言的圈套 | 多湖輝著 | 110元 |

| | | |
|---|---|---|
| ⑦5個性膽怯者的成功術 | 廖松濤編譯 | 100元 |
| ⑦6人性的光輝 | 文可式編著 | 90元 |
| ⑦8驚人的速讀術 | 鐘文訓編譯 | 90元 |
| ⑦9培養靈敏頭腦秘訣 | 廖玉山編著 | 90元 |
| ⑧0夜晚心理術 | 鄭秀美編譯 | 80元 |
| ⑧1如何做個成熟的女性 | 李玉瓊編著 | 80元 |
| ⑧2現代女性成功術 | 劉文珊編著 | 90元 |
| ⑧3成功說話技巧 | 梁惠珠編譯 | 100元 |
| ⑧4人生的真諦 | 鐘文訓編譯 | 100元 |
| ⑧5妳是人見人愛的女孩 | 廖松濤編著 | 120元 |
| ⑧7指尖・頭腦體操 | 蕭京凌編譯 | 90元 |
| ⑧8電話應對禮儀 | 蕭京凌編著 | 90元 |
| ⑧9自我表現的威力 | 廖松濤編譯 | 100元 |
| ⑨0名人名語啟示錄 | 喬家楓編著 | 100元 |
| ⑨1男與女的哲思 | 程鐘梅編譯 | 110元 |
| ⑨2靈思慧語 | 牧　風著 | 110元 |
| ⑨3心靈夜語 | 牧　風著 | 100元 |
| ⑨4激盪腦力訓練 | 廖松濤編譯 | 100元 |
| ⑨5三分鐘頭腦活性法 | 廖玉山編譯 | 110元 |
| ⑨6星期一的智慧 | 廖玉山編譯 | 100元 |
| ⑨7溝通說服術 | 賴文琇編譯 | 100元 |
| ⑨8超速讀超記憶法 | 廖松濤編譯 | 120元 |

## ・健康與美容・電腦編號 04

| | | |
|---|---|---|
| ①B型肝炎預防與治療 | 曾慧琪譯 | 130元 |
| ③媚酒傳（中國王朝秘酒） | 陸明主編 | 120元 |
| ④藥酒與健康果菜汁 | 成玉主編 | 150元 |
| ⑤中國回春健康術 | 蔡一藩著 | 100元 |
| ⑥奇蹟的斷食療法 | 蘇燕謀譯 | 110元 |
| ⑧健美食物法 | 陳炳崑譯 | 120元 |
| ⑨驚異的漢方療法 | 唐龍編著 | 90元 |
| ⑩不老強精食 | 唐龍編著 | 100元 |
| ⑪經脈美容法 | 月乃桂子著 | 90元 |
| ⑫五分鐘跳繩健身法 | 蘇明達譯 | 100元 |
| ⑬睡眠健康法 | 王家成譯 | 80元 |
| ⑭你就是名醫 | 張芳明譯 | 90元 |
| ⑮如何保護你的眼睛 | 蘇燕謀譯 | 70元 |
| ⑯自我指壓術 | 今井義睛著 | 120元 |
| ⑰室內身體鍛鍊法 | 陳炳崑譯 | 100元 |
| ⑲釋迦長壽健康法 | 譚繼山譯 | 90元 |

| | | |
|---|---|---|
| ⑳腳部按摩健康法 | 譚繼山譯 | 120元 |
| ㉑自律健康法 | 蘇明達譯 | 90元 |
| ㉓身心保健座右銘 | 張仁福著 | 160元 |
| ㉔腦中風家庭看護與運動治療 | 林振輝譯 | 100元 |
| ㉕秘傳醫學人相術 | 成玉主編 | 120元 |
| ㉖導引術入門(1)治療慢性病 | 成玉主編 | 110元 |
| ㉗導引術入門(2)健康・美容 | 成玉主編 | 110元 |
| ㉘導引術入門(3)身心健康法 | 成玉主編 | 110元 |
| ㉙妙用靈藥・蘆薈 | 李常傳譯 | 90元 |
| ㉚萬病回春百科 | 吳通華著 | 150元 |
| ㉛初次懷孕的10個月 | 成玉編譯 | 100元 |
| ㉜中國秘傳氣功治百病 | 陳炳崑編譯 | 130元 |
| ㉞仙人成仙術 | 陸明編譯 | 100元 |
| ㉟仙人長生不老學 | 陸明編譯 | 100元 |
| ㊱釋迦秘傳米粒刺激法 | 鐘文訓譯 | 120元 |
| ㊲痔・治療與預防 | 陸明編譯 | 130元 |
| ㊳自我防身絕技 | 陳炳崑編譯 | 120元 |
| ㊴運動不足時疲勞消除法 | 廖松濤譯 | 110元 |
| ㊵三溫暖健康法 | 鐘文訓編譯 | 90元 |
| ㊷維他命C新效果 | 鐘文訓譯 | 90元 |
| ㊸維他命與健康 | 鐘文訓譯 | 150元 |
| ㊺森林浴—綠的健康法 | 劉華亭編譯 | 80元 |
| ㊼導引術入門(4)酒浴健康法 | 成玉主編 | 90元 |
| ㊽導引術入門(5)不老回春法 | 成玉主編 | 90元 |
| ㊾山白竹（劍竹）健康法 | 鐘文訓譯 | 90元 |
| ㊿解救你的心臟 | 鐘文訓編譯 | 100元 |
| 51牙齒保健法 | 廖玉山譯 | 90元 |
| 52超人氣功法 | 陸明編譯 | 110元 |
| 53超能力秘密開發法 | 廖松濤譯 | 80元 |
| 54借力的奇蹟(1) | 力拔山著 | 100元 |
| 55借力的奇蹟(2) | 力拔山著 | 100元 |
| 56五分鐘小睡健康法 | 呂添發撰 | 100元 |
| 57禿髮、白髮預防與治療 | 陳炳崑撰 | 120元 |
| 58吃出健康藥膳 | 劉大器著 | 100元 |
| 59艾草健康法 | 張汝明編譯 | 90元 |
| 60一分鐘健康診斷 | 蕭京凌編譯 | 90元 |
| 61念術入門 | 黃靜香編譯 | 90元 |
| 62念術健康法 | 黃靜香編譯 | 90元 |
| 63健身回春法 | 梁惠珠編譯 | 100元 |
| 64姿勢養生法 | 黃秀娟編譯 | 90元 |
| 65仙人瞑想法 | 鐘文訓譯 | 120元 |

| | | |
|---|---|---|
| ㊅人蔘的神效 | 林慶旺譯 | 100元 |
| ㊆奇穴治百病 | 吳通華著 | 120元 |
| ㊇中國傳統健康法 | 靳海東著 | 100元 |
| ㊈下半身減肥法 | 納他夏・史達賓著 | 110元 |
| ⑳使妳的肌膚更亮麗 | 楊　皓編譯 | 100元 |
| ⑪酵素健康法 | 楊　皓編譯 | 120元 |
| ⑬腰痛預防與治療 | 五味雅吉著 | 100元 |
| ⑭如何預防心臟病・腦中風 | 譚定長等著 | 100元 |
| ⑮少女的生理秘密 | 蕭京凌譯 | 120元 |
| ⑯頭部按摩與針灸 | 楊鴻儒譯 | 100元 |
| ⑰雙極療術入門 | 林聖道著 | 100元 |
| ⑱氣功自療法 | 梁景蓮著 | 120元 |
| ⑲大蒜健康法 | 李玉瓊編譯 | 100元 |
| ⑳紅蘿蔔汁斷食療法 | 李玉瓊譯 | 120元 |
| ㉑健胸美容秘訣 | 黃靜香譯 | 100元 |
| ㉒鍺奇蹟療效 | 林宏儒譯 | 120元 |
| ㉓三分鐘健身運動 | 廖玉山譯 | 120元 |
| ㉔尿療法的奇蹟 | 廖玉山譯 | 120元 |
| ㉕神奇的聚積療法 | 廖玉山譯 | 120元 |
| ㉖預防運動傷害伸展體操 | 楊鴻儒編譯 | 120元 |
| ㉗糖尿病預防與治療 | 石莉涓譯 | 150元 |
| ㉘五日就能改變你 | 柯素娥譯 | 110元 |
| ㉙三分鐘氣功健康法 | 陳美華譯 | 120元 |
| ㉚痛風劇痛消除法 | 余昇凌譯 | 120元 |
| ㉛道家氣功術 | 早島正雄著 | 130元 |
| ㉜氣功減肥術 | 早島正雄著 | 120元 |
| ㉝超能力氣功法 | 柯素娥譯 | 130元 |
| ㉞氣的瞑想法 | 早島正雄著 | 120元 |

## •家庭／生活•電腦編號05

| | | |
|---|---|---|
| ①單身女郎生活經驗談 | 廖玉山編著 | 100元 |
| ②血型・人際關係 | 黃靜編著 | 120元 |
| ③血型・妻子 | 黃靜編著 | 110元 |
| ④血型・丈夫 | 廖玉山編譯 | 130元 |
| ⑤血型・升學考試 | 沈永嘉編譯 | 120元 |
| ⑥血型・臉型・愛情 | 鐘文訓編譯 | 120元 |
| ⑦現代社交須知 | 廖松濤編譯 | 100元 |
| ⑧簡易家庭按摩 | 鐘文訓編譯 | 150元 |
| ⑨圖解家庭看護 | 廖玉山編譯 | 120元 |
| ⑩生男育女隨心所欲 | 岡正基編著 | 120元 |

| | | |
|---|---|---|
| ⑪家庭急救治療法 | 鐘文訓編著 | 100元 |
| ⑫新孕婦體操 | 林曉鐘譯 | 120元 |
| ⑬從食物改變個性 | 廖玉山編譯 | 100元 |
| ⑭藥草的自然療法 | 東城百合子著 | 200元 |
| ⑮糙米菜食與健康料理 | 東城百合子著 | 180元 |
| ⑯現代人的婚姻危機 | 黃　靜編著 | 90元 |
| ⑰親子遊戲　0歲 | 林慶旺編譯 | 100元 |
| ⑱親子遊戲　1～2歲 | 林慶旺編譯 | 110元 |
| ⑲親子遊戲　3歲 | 林慶旺編譯 | 100元 |
| ⑳女性醫學新知 | 林曉鐘編譯 | 130元 |
| ㉑媽媽與嬰兒 | 張汝明編譯 | 150元 |
| ㉒生活智慧百科 | 黃　靜編譯 | 100元 |
| ㉓手相・健康・你 | 林曉鐘編譯 | 120元 |
| ㉔菜食與健康 | 張汝明編譯 | 110元 |
| ㉕家庭素食料理 | 陳東達著 | 140元 |
| ㉖性能力活用秘法 | 米開・尼里著 | 130元 |
| ㉗兩性之間 | 林慶旺編譯 | 120元 |
| ㉘性感經穴健康法 | 蕭京凌編譯 | 110元 |
| ㉙幼兒推拿健康法 | 蕭京凌編譯 | 100元 |
| ㉚談中國料理 | 丁秀山編著 | 100元 |
| ㉛舌技入門 | 增田豐　著 | 130元 |
| ㉜預防癌症的飲食法 | 黃静香編譯 | 150元 |
| ㉝性與健康寶典 | 黃静香編譯 | 180元 |
| ㉞正確避孕法 | 蕭京凌編譯 | 130元 |
| ㉟吃的更漂亮美容食譜 | 楊萬里著 | 120元 |
| ㊱圖解交際舞速成 | 鐘文訓編譯 | 150元 |
| ㊲觀相導引術 | 沈永嘉譯 | 130元 |
| ㊳初為人母12個月 | 陳義譯 | 130元 |
| ㊴圖解麻將入門 | 顧安行編譯 | 130元 |
| ㊵麻將必勝秘訣 | 石利夫編譯 | 130元 |
| ㊶女性一生與漢方 | 蕭京凌編譯 | 100元 |
| ㊷家電的使用與修護 | 鐘文訓編譯 | 130元 |
| ㊸錯誤的家庭醫療法 | 鐘文訓編譯 | 100元 |
| ㊹簡易防身術 | 陳慧珍編譯 | 130元 |
| ㊺茶健康法 | 鐘文訓編譯 | 130元 |
| ㊻雞尾酒大全 | 劉雪卿譯 | 180元 |
| ㊼生活的藝術 | 沈永嘉編著 | 120元 |
| ㊽雜草雜果健康法 | 沈永嘉編著 | 120元 |
| ㊾如何選擇理想妻子 | 荒谷慈著 | 110元 |
| ㊿如何選擇理想丈夫 | 荒谷慈著 | 110元 |
| 51中國食與性的智慧 | 根本光人著 | 150元 |

| | | |
|---|---|---|
| ㊾開運法話 | 陳宏男譯 | 100元 |
| ㊿禪語經典<上> | 平田精耕著 | 150元 |
| 54禪語經典<下> | 平田精耕著 | 150元 |
| 55手掌按摩健康法 | 鐘文訓譯 | 150元 |
| 56脚底按摩健康法 | 鐘文訓譯 | 150元 |
| 57仙道運氣健身法 | 高藤聰一郎著 | 150元 |
| 58健心、健體呼吸法 | 蕭京凌譯 | 120元 |
| 59自彊術入門 | 蕭京凌譯 | 120元 |
| 60指技入門 | 增田豐著 | 130元 |
| 61下半身鍛鍊法 | 增田豐著 | 180元 |
| 62表象式學舞法 | 黃靜香編譯 | 180元 |
| 63圖解家庭瑜伽 | 鐘文訓譯 | 130元 |
| 64食物治療寶典 | 黃靜香編譯 | 130元 |
| 65智障兒保育入門 | 楊鴻儒譯 | 130元 |
| 66自閉兒童指導入門 | 楊鴻儒譯 | 150元 |
| 67乳癌發現與治療 | 黃靜香譯 | 130元 |
| 68盆栽培養與欣賞 | 廖啟新編譯 | 150元 |
| 69世界手語入門 | 蕭京凌編譯 | 150元 |
| 70賽馬必勝法 | 李錦雀編譯 | 200元 |
| 71中藥健康粥 | 蕭京凌編譯 | 120元 |
| 72健康食品指南 | 劉文珊編譯 | 130元 |
| 73健康長壽飲食法 | 鐘文訓編譯 | 150元 |
| 74夜生活規則 | 增田豐著 | 120元 |
| 75自製家庭食品 | 鐘文訓編譯 | 180元 |
| 76仙道帝王招財術 | 廖玉山譯 | 130元 |
| 77「氣」的蓄財術 | 劉名揚譯 | 130元 |
| 78佛教健康法入門 | 劉名揚譯 | 130元 |
| 79男女健康醫學 | 郭汝蘭譯 | 150元 |
| 80成功的果樹培育法 | 張煌編譯 | 130元 |
| 81實用家庭菜園 | 孔翔儀編譯 | 130元 |
| 82氣與中國飲食法 | 柯素娥編譯 | 130元 |
| 83世界生活趣譚 | 林其英著 | 160元 |
| 84胎教二八〇天 | 鄭淑美譯 | 180元 |
| 85酒自己動手釀 | 柯素娥編著 | 160元 |

## •命理與預言•電腦編號06

| | | |
|---|---|---|
| ①星座算命術 | 張文志譯 | 120元 |
| ③圖解命運學 | 陸明編著 | 100元 |
| ④中國秘傳面相術 | 陳炳崑編著 | 110元 |
| ⑤輪迴法則（生命轉生的秘密） | 五島勉著 | 80元 |

| | | |
|---|---|---|
| ⑥命名彙典 | 水雲居士編著 | 100元 |
| ⑦簡明紫微斗術命運學 | 唐龍編著 | 130元 |
| ⑧住宅風水吉凶判斷法 | 琪輝編譯 | 120元 |
| ⑨鬼谷算命秘術 | 鬼谷子著 | 150元 |
| ⑫簡明四柱推命學 | 李常傳編譯 | 150元 |
| ⑭十二支命相學 | 王家成譯 | 80元 |
| ⑮啟示錄中的世界末日 | 蘇燕謀編譯 | 80元 |
| ⑯簡明易占學 | 黃小娥著 | 100元 |
| ⑰指紋算命學 | 邱夢蕾譯 | 90元 |
| ⑱樸克牌占卜入門 | 王家成譯 | 100元 |
| ⑲Ａ血型與十二生肖 | 鄒雲英編譯 | 90元 |
| ⑳Ｂ血型與十二生肖 | 鄒雲英編譯 | 90元 |
| ㉑Ｏ血型與十二生肖 | 鄒雲英編譯 | 100元 |
| ㉒ＡＢ血型與十二生肖 | 鄒雲英編譯 | 90元 |
| ㉓筆跡占卜學 | 周子敬著 | 120元 |
| ㉔神秘消失的人類 | 林達中譯 | 80元 |
| ㉕世界之謎與怪談 | 陳炳崑譯 | 80元 |
| ㉖符咒術入門 | 柳玉山人編 | 100元 |
| ㉗神奇的白符咒 | 柳玉山人編 | 160元 |
| ㉘神奇的紫符咒 | 柳玉山人編 | 120元 |
| ㉙秘咒魔法開運術 | 吳慧鈴編譯 | 180元 |
| ㉚中國式面相學入門 | 蕭京凌編著 | 90元 |
| ㉛改變命運的手相術 | 鐘文訓編著 | 120元 |
| ㉜黃帝手相占術 | 鮑黎明著 | 130元 |
| ㉝惡魔的咒法 | 杜美芳譯 | 150元 |
| ㉞脚相開運術 | 王瑞禎譯 | 130元 |
| ㉟面相開運術 | 許麗玲譯 | 150元 |
| ㊱房屋風水與運勢 | 邱震睿編譯 | 160元 |
| ㊲商店風水與運勢 | 邱震睿編譯 | 130元 |
| ㊳諸葛流天文遁甲 | 巫立華譯 | 150元 |
| ㊴聖帝五龍占術 | 廖玉山譯 | 180元 |
| ㊵萬能神算 | 張助馨編著 | 120元 |
| ㊶神祕的前世占卜 | 劉名揚譯 | 150元 |
| ㊷諸葛流奇門遁甲 | 巫立華譯 | 150元 |
| ㊸諸葛流四柱推命 | 巫立華譯 | 180元 |

## ・教 養 特 輯・電腦編號 07

| | | |
|---|---|---|
| ①管教子女絕招 | 多湖輝著 | 70元 |
| ⑤如何教育幼兒 | 林振輝譯 | 80元 |
| ⑥看圖學英文 | 陳炳崑編著 | 90元 |

| | | |
|---|---|---|
| ⑦關心孩子的眼睛 | 陸明編 | 70元 |
| ⑧如何生育優秀下一代 | 邱夢蕾編著 | 100元 |
| ⑨父母如何與子女相處 | 安紀芳編譯 | 80元 |
| ⑩現代育兒指南 | 劉華亭編譯 | 90元 |
| ⑫如何培養自立的下一代 | 黃静香編譯 | 80元 |
| ⑬使用雙手增強腦力 | 沈永嘉編譯 | 70元 |
| ⑭教養孩子的母親暗示法 | 多湖輝著 | 90元 |
| ⑮奇蹟教養法 | 鐘文訓編譯 | 90元 |
| ⑯慈父嚴母的時代 | 多湖輝著 | 90元 |
| ⑰如何發現問題兒童的才智 | 林慶旺譯 | 100元 |
| ⑱再見！夜尿症 | 黃静香編譯 | 90元 |
| ⑲育兒新智慧 | 黃静編譯 | 90元 |
| ⑳長子培育術 | 劉華亭編譯 | 80元 |
| ㉑親子運動遊戲 | 蕭京凌編譯 | 90元 |
| ㉒一分鐘刺激會話法 | 鐘文訓編著 | 90元 |
| ㉓啟發孩子讀書的興趣 | 李玉瓊編著 | 100元 |
| ㉔如何使孩子更聰明 | 黃静編著 | 100元 |
| ㉕３・４歲育兒寶典 | 黃静香編譯 | 100元 |
| ㉖一對一教育法 | 林振輝編譯 | 100元 |
| ㉗母親的七大過失 | 鐘文訓編譯 | 100元 |
| ㉘幼兒才能開發測驗 | 蕭京凌編譯 | 100元 |
| ㉙教養孩子的智慧之眼 | 黃静香編譯 | 100元 |
| ㉚如何創造天才兒童 | 林振輝編譯 | 90元 |
| ㉛如何使孩子數學滿點 | 林明嬋編著 | 100元 |

## ・消 遣 特 輯・電腦編號 08

| | | |
|---|---|---|
| ①小動物飼養秘訣 | 徐道政譯 | 120元 |
| ②狗的飼養與訓練 | 張文志譯 | 100元 |
| ③四季釣魚法 | 釣朋會編 | 120元 |
| ④鴿的飼養與訓練 | 林振輝譯 | 120元 |
| ⑤金魚飼養法 | 鐘文訓編譯 | 130元 |
| ⑥熱帶魚飼養法 | 鐘文訓編譯 | 180元 |
| ⑦有趣的科學（動腦時間） | 蘇燕謀譯 | 70元 |
| ⑧妙事多多 | 金家驊編譯 | 80元 |
| ⑨有趣的性知識 | 蘇燕謀編譯 | 100元 |
| ⑩圖解攝影技巧 | 譚繼山編譯 | 220元 |
| ⑪100種小鳥養育法 | 譚繼山編譯 | 200元 |
| ⑫樸克牌遊戲與贏牌秘訣 | 林振輝編譯 | 120元 |
| ⑬遊戲與餘興節目 | 廖松濤編著 | 100元 |
| ⑭樸克牌魔術・算命・遊戲 | 林振輝編譯 | 100元 |

國立中央圖書館出版品預行編目資料

蠶糞肌膚美顏法 / 坂梨秀子著；沈永嘉譯，
——初版，——臺北市； 大展，民84
面； 公分，——（婦幼天地；23）
譯自：蚕のフンで絹の肌
ISBN 957-557-492-3（平裝）

1.美容

424 83012727



# 蠶糞肌膚美顏法

ISBN 957-557-492-3

原著者/ 坂梨秀子
編譯者/ 沈永嘉
發行人/ 蔡森明
出版者/ 大展出版社有限公司
社址/ 台北市北投區（石牌）致遠一路2段12巷1號
電話/（02）8236031·8236033
傳眞/（02）8272069
郵政劃撥/ 0166955-1
登記證/ 局版臺業字第2171號

法律顧問/ 劉鈞男律師
承印者/ 高星企業有限公司
裝訂/ 日新裝訂所
排版者/ 宏益電腦排版有限公司
電話/（02）5611592
初版/ 1995年（民84年）1月
定價/ 160元

大展好書 好書大展